Antje Krause | Wilhelm Bauer

Warum Hühner scharren, nicken & picken

Alles über Verhalten, Gewohnheiten und Marotten

ulmer

Hier dreht sich alles um Hühner

Hühnerleben 67

Unarten und Verhaltensstörungen 117

Service 139

Verkannt und heiß geliebt ...

Die Hühnerhaltung im Kleinen, artgerecht und tierfreundlich, hat in den vergangenen Jahren einen Boom erlebt – Tendenz immer noch steigend. Und das freut mich sagenhaft.

Was mich ebenso freut, ist, dass ich auch dieses Hühnerbuch wie schon „Garten sucht Hühner" mit einem kompetenten wie netten Kollegen und Freund zusammen habe schreiben dürfen: Wilhelm Bauer. Als langjähriger Zwerghuhnzüchter und Preisrichter für Rassegeflügel kennt er die gefiederte Welt wie kein Zweiter. Ein Stück weit pragmatischer als ich, zugegebenermaßen erfahrener in der Hühnerhaltung als ich und nie um eine Antwort verlegen, war es mir wie immer eine Freude, wenn wir über Anekdoten aus dem Stall und deren Sinn gegrübelt haben. Und wenn der eine mit seinem Bericht über die aktuellste Episode des hühnerischen Wahnsinns fertig war, sagte der andere nicht selten: „Das haben meine ja noch nie gemacht!" Bei jedem Gespräch wurde es uns klarer: Hühner sind eben auch nur Menschen. Und je nach Rasse, aber auch nach individuellem Charakter agieren und reagieren sie anders. Aber wir würden es auch gar nicht anders haben wollen! Wären Hühner tatsächlich diese hirnlosen, uniformen Viecher, wie uns die Industrie lange glauben machen wollte (anders sind die Discounter-Hühnerfleisch- und Eierpreise nicht zu erklären), würde es dieses Buch nicht geben.

Wer mit dem Gedanken spielt, Hühner zu halten, kann sich heute mehr denn je einfach und unterhaltsam über alle Notwendigkeiten der Haltung und die verschiedenen Rassen informieren. Was noch nicht so ausgiebig beleuchtet wurde, ist der Blick be*hind the scenes*. Warum tun Hühner, was sie tun? Und warum tun sie oft nicht, was wir Menschen von ihnen wollen? Wer Hühner artgerecht in kleinen Gruppen und quasi mit Familienanschluss hält, merkt schnell, dass das Bild des dummen, willenlosen Huhns, das in Massentierhaltung ein Ei nach dem anderen raushaut, nicht passen will.

Das Verhalten von Haushühnern ist nicht so gut wissenschaftlich untersucht wie das von anderen Tieren. Gibt es Studien, geht es häufig um die Optimierung der industriellen Hühnerhaltung, denn die Forschungsergebnisse können zur Steigerung des Gewinns beitragen. Aber Hühner, die zu Tausenden in monotonen Umgebungen gehalten werden, provozieren andere Fragen als das glückliche

Federvieh, das wir uns in unserem Hausgarten vorstellen. So mussten Wilhelm Bauer und ich ganz viel selber beobachten, beobachten, beobachten, auf Erlebnisse anderer Hühnerhalter und unser aller Erfahrungen zurückgreifen – und auch mal pure Vermutungen anstellen. Hilfreich war, dass das Bankivahuhn, der Vorfahr unseres Haushuhns, auch heute noch lebt und erforscht werden kann und daher für Vergleiche prädestiniert ist. Trotz „angezüchteter" Gefiederfarbenvielfalt und Turbo-Produktivität – das Haushuhn ist im Grunde seines Herzens Wildhuhn geblieben. Sein Verhalten ist nach wie vor sehr ursprünglich.

Was mir am Herzen liegt, ist, das Haushuhn aus seiner Anonymität herauszuholen und zu zeigen: Jedes Tier ist einzigartig, hat seine Liebenswürdigkeiten und Marotten. Hühner machen einfach, was sie wollen, und sind – aller Verfressenheit zum Trotz – in letzter Instanz unbestechlich. Sie biedern sich uns nicht an, sie sind nicht nachtragend. Sie erkennen und kennen uns, sie vertrauen uns. Wie passt das mit der Bezeichnung „Nutztier", das ein Huhn nun mal ist, zusammen? Nutztier – das Tier, das zu unserem Nutzen da ist ...

Diese Sichtweise schafft Distanz. Was passiert, wenn man dem Federvieh sein Herz öffnet und genau hinschaut, welche Schelmereien es im Kopf hat? Dann wird das Tier „da draußen“ zu einer Persönlichkeit.

Ich möchte den Hühnern ein Gesicht geben. Daher schreibe ich auch mit voller Absicht fachlich völlig inkorrekt, das Huhn würde sich entscheiden, denken und taktieren … Ich weiß natürlich, dass das Huhn nicht bewusst entscheidet. Aber ich finde, diese Begriffe aus der Menschenwelt ermöglichen einen unterhaltsameren, ja einen besseren Zugang zum Tier, lassen es näher an einen heran. Insofern ist dieses Buch keine „Verhaltensanalyse von Nutzgeflügel“, sondern es ist eher als „Dem Huhn unter die Flügel geguckt“ konzipiert. Warum macht mein Huhn dieses oder jenes? Und will es mich damit absichtlich auf die Palme bringen?

Bei mir menschelt es in der Hühnerbetrachtung – und ich finde, das ist mehr als überfällig. Es scheint mir, dass in der langen Geschichte, während der das Huhn nun schon in der Obhut des Menschen lebt, ihm die meiste Zeit über Intelligenz und (mit Hinblick auf Hahnenkämpfe und Massentierhaltung) auch Schmerzempfinden und Leidensfähigkeit abgesprochen wurden. Da kann ihnen jetzt ein wenig „Menschlichkeit“ nicht schaden. Ausgleichende Gerechtigkeit sozusagen. Also Achtung: Bei mir denken die Hühner, wundern sich, lachen über uns Menschen und tricksen uns aus. Ich lasse kein Klischee aus – außer eines! Ich verspreche Ihnen hoch und heilig, dass ich nicht wie in jedem (wirklich in jedem!) Hühnerbuch auf den Schlager *Ich wollt' ich wär ein Huhn* Bezug nehme. Man muss sich auch mal was trauen …

In diesem Sinne: Seien Sie gut zu Ihren Hühnern, dann sind sie (wenn sie Lust haben) gut zu Ihnen.

Herzlichst,

Antje Krause

Liebe Antje,

vielen Dank, dass du mich mit deiner ungeheuren Beobachtungsgabe immer wieder zum Thema „Hühner“ gelöchert hast. Viele Dinge, die für dich neu und anfangs manchmal auch ungewohnt waren, haben mich zum wiederholten Nachdenken über das Verhalten meiner Hühner angeregt.

Mit der Zeit wird vieles im täglichen Umgang mit Hühnern Routine – auch bei mir. Dabei fiel mir manches Hühnerverhalten gar nicht mehr so auf. Gerade auch hierin war es für mich wieder wichtig, den Blick zu schärfen. Hühner sind nämlich so tolle Haustiere, dass sie es verdient haben, dass man sich mit ihnen intensiver – übers Füttern, Tränken und Misten hinaus – beschäftigt.

Liebe Antje, auch dieses Buch mit dir zusammen hat wieder ungeheuer viel Freude gemacht. Hühner sind also nicht nur interessante Haustiere, sie verbinden Menschen!

Hoffentlich dürfen auch Sie, liebe Leserinnen und Leser, das immer wieder erleben.

Herzlichst,

Ein ganz normaler Hühnertag

Ich selber habe die Zeit noch nicht gestoppt, aber Hühner sollen mehr als zwei Drittel des Tages mit Scharren und Picken verbringen. Grund genug, uns diese Verhaltensweisen genauer anzuschauen ... und viele weitere Episoden aus dem Alltag eines Haushuhns.

Raus aus den Federn, der Hahn hat gekräht

Der Hühnertag beginnt sprichwörtlich oder (sofern ein Hahn vorhanden ist) auch wahrhaftig mit dem ersten Hahnenschrei, sobald es morgens dämmert. Er startet gewöhnlich mit einer Runde Strecken. Fuß und Flügel derselben Körperseite werden weit von sich gestreckt: Der Fuß nach hinten, der Flügel hübsch aufgefächert nach unten – ein Wunder, dass die Hühner auf ihrer Stange dabei nicht die Balance verlieren. Dann ist die andere Seite dran. Meist gefolgt von etwas Gefiederpflege: ein paar Federn durch den Schnabel ziehen, das Brustgefieder zurechtschütteln – bereit zum Verlassen der Stange. Obwohl sie theoretisch runterfliegen könnten, benutzen Hühner meiner Erfahrung nach gern eine Hühnerleiter, wenn vorhanden.

Ein Huhn nach dem anderen schreitet die Hühnerleiter hinunter – Hühner im Gänsemarsch sozusagen. Ist ein Hahn Teil der Herde führt er oft seine Damen an, zuerst seine Lieblingshenne (ja, so etwas gibt es!); und sobald sie unten angekommen sind, tritt er in der Regel eine nach der anderen – zuerst natürlich die Lieblingshenne. Hähne sind dabei nicht besonders zimperlich, wie wir noch erfahren werden (Seite 85), und so gibt es Hennen, die, falls sie die Chance dazu haben, schnell den Stall verlassen, wenn der Hahn gerade eine andere Henne tritt.

Manche Halter beobachten übrigens auch bei Hahn-losen Herden eine feste Reihenfolge des Herunterlaufens bzw. -fliegens von der Stange; ich persönlich konnte das bei meinen Hennen bisher nicht beobachten. Ich denke, hier entscheiden das Temperament der gehaltenen Rassen und die Platzverhältnisse, ob das „Zufallsprinzip" genügt, sprich, ob es dabei so gut wie nie Rangeleien gibt. Wenn es im Stall eng ist oder viele Tiere gehalten werden, sodass sich die Hühner beim Verlassen der Stange gegenseitig arg in die Quere kommen, mag es gut sein, dass die Hühner nach Rangfolge gehen. Genau dafür ist sie ja da: um

Wie im Bilderbuch: Der Zwerg-Welsumer-Hahn kräht dem Morgen entgegen, die Zwerg-Orloff-Henne streckt sich.

Ordnung zu wahren und das Miteinander möglichst konfliktarm zu regeln. Das Thema Rangfolge ist äußerst spannend und ein Dreh- und Angelpunkt im Hühnerleben; daher habe ich ihm einen Extra-Abschnitt ab Seite 96 gewidmet.

Und wie geht's weiter am Morgen für die Hühner? Ein Schlückchen Wasser trinken, mit den Flügeln schlagen als Frühsport, in der Einstreu nach verirrten Körnern scharren und hoffen, dass der Besitzer bald mit dem Frühstück kommt. Kommt er nicht schnell genug, kann man ja schon mal ein bisschen rummeckern …

Essen und Trinken

Hühner sind Allesfresser. Getreidekörner (zum Beispiel in Form eines handelsüblichen Hühnermischfutters), dazu allerlei Grünes und Buntes aus dem Gemüsebeet oder was beim Gemüse- und Obstputzen in der Küche übrig bleibt. Das können Möhren- oder gekochte (!) Kartoffelschalen sein, Kerngehäuse von Apfel oder Birne, ein Salatstrunk, Kohlrabiblätter, Möhrengrün, Petersilienstängel … aber auch mal ein Rest gekochte Nudeln oder Reis. Bei allem, was nicht von Hause aus schnabelgerechte Größe hat (wie Reis), müssen Sie ausprobieren, wie die beste Darreichungsform ist (mehr dazu auf Seite 14). Mit etwas Erfahrung hat man schnell den Bogen raus, was Hühner selber klein kriegen und wobei sie welcher Art Hilfe brauchen.

Wie Hühner fressen

Nun sind Hühner eben auch nur Menschen und haben unterschiedliche Geschmäcker. Ja, das ist manchmal von Huhn zu Huhn verschieden. Es ist interessant zu beobachten, wie verschieden Hühner an einem Trog voll unterschiedlicher Futterkomponenten vorgehen: Manche picken zuerst die Weizenkörner, manche Sonnenblumenkerne, andere stecken den Schnabel sofort in den Rest Kartoffelbrei und wieder andere bearbeiten als erstes den saftigen Apfel. Wenn sie können, wie sie wollen, fressen Hühner selektiv! Das heißt, sie suchen gezielt aus und sortieren ihr Futter – und dafür ist der Schnabel äußerst hilfreich. Nach einem schnellen Blick picken sie die Sachen heraus, die ihnen passend erscheinen. Mit dem Schnabel wird überprüft, ob das Ausgesuchte wirklich fressbar ist. *Schluck* und weg. Dann ziehen sie den Schnabel mit einer schnellen Kopfbewegung durch die restliche Futtermischung – man könnte sagen, sie rühren einmal kurz durch. Auf diese Weise werden wieder andere Futterbestandteile nach oben befördert und abermals die besten Stücke herausgepickt.

Wie unterscheiden Hühner die Futterkomponenten?

Das Selektieren des Futters läuft erstens über die Augen ab (Hühner können zumindest in der Nähe sehr gut gucken, Seite 45) und zweitens per Tasten mit dem Schnabel. Schmecken und Riechen spielen bei der Futterauswahl keine große Rolle. Ich frage mich zwar manchmal, wie man das herausgefunden haben will, aber die Experten sind sich einig: Hühner sollen keinen sehr ausgeprägten Geschmackssinn und einen noch schlechteren Geruchssinn haben. (Wenn man als feinschmeckender Mensch allerdings beobachtet, wie sich Hühner auf einen Mix aus gehacktem Knoblauch und Kuchenkrümel stürzen,

erscheint es einem dann doch plausibel.) Übrigens existieren viele, über Generationen überlieferte Rezepturen für Stärkungsmittel aus Apfelessig, Knoblauch, Zwiebel, Chili, Ingwer oder Meerrettich, die löffelweise ins Trinkwasser gegeben das Immunsystem der Hühner stärken sollen. Man kann daran ablesen, dass Hühner keine besondere Wahrnehmung für „scharf" haben können bzw. dass sie dies nicht als unangenehm empfinden.

Hühner achten bei der Futterselektion sehr auf die Form des Futters: Sie ziehen kurz-rundliche Formen kantigeren, langen und schmalen vor. So sind Weizenkörner beispielsweise beliebter als Gerste. Eine meiner ersten Lektionen als Hühnerhalterin bescherte mir die Mohrrübe: Ich schnitt eine Möhre mit dem Messer so fein ich konnte – die Hühner ließen sie liegen. Am nächsten Tag raspelte ich eine Möhre grob und siehe da, nun wurde sie gefressen. Ich schätze, dass die klein geschnittenen und grob geraspelten Möhrenstückchen ungefähr dieselbe Größe hatten (aber wer weiß, vielleicht differenziert das Hühnerauge noch feiner). Was beide jedoch auf alle Fälle unterschied, war die Form: Schaute man genauer hin, waren die geschnittenen Stückchen kleine Vierecke, die geraspelten Partikel rundliche Späne. Was man aber auch bemerkt: Je weicher die Futterkomponente, desto weniger bedeutend scheint die rundliche Form.

Darüber hinaus kann das Federvieh Farben sehr gut unterscheiden – besser als der Mensch. Auch das ist bei der Futterauswahl – im Napf und erst recht, wenn die Hühner kleines Getier aus Pflanzen klauben – sehr hilfreich. Wenn Sie mehr erfahren wollen, wie Hühner die Welt sehen, lesen Sie bitte weiter auf Seite 45.

Zum Füttern genügen einfachste Tröge, Schüsseln oder eben auch mal auf die Schnelle ein Teller – Hauptsache, die Gefäße sind gut zu reinigen.

Beim Sortieren des Futters sind Hühner nicht zimperlich: Was nicht gefällt, fliegt raus. Günstig sind daher Gefäße mit Rand ...

Meister im Sortieren

Manche Hühner sind so „schleckig“, dass sie ganz bestimmte Körner bevorzugen. Den Rest lassen sie entweder liegen – der Hühnerhalter kann ihn dann wegwerfen – oder das „Herumfuhrwerken“ im Trog führt dazu, dass Verschmähtes in der Gegend verstreut wird.

Um dem entgegenzuwirken, füttern viele Halter entweder knapp bemessen, sodass die Tiere später bei entsprechendem Hunger auch die anderen Futterkomponenten fressen, oder aber Pelletfutter. Beim Pelletfutter wird die Futtermischung gemahlen und zu gleichförmigen Stückchen gepresst – die Hühner können nicht mehr auswählen, alles sieht gleich aus. Haben sich die Hühner erst einmal dran gewöhnt, fressen sie das Futter sehr schnell und sind demzufolge innerhalb kürzester Zeit satt und „arbeitslos“ – dies ist ein Nachteil der Pelletfütterung, wie ich gleich erläutern werde. Eine andere Maßnahme, die das Aussortieren nicht gänzlich verhindert, aber mordsmäßig in die Länge zieht, ist das Füttern von Schrot oder Mehl – je feiner die Körner zerkleinert sind, desto schwieriger wird das Sortieren für die Hühner und desto länger dauert es. Die Dauer des Sortierens und damit auch die Gesamtdauer des Fressens zu verlängern, kann dann sinnvoll sein, wenn die Tiere in einem nicht sehr abwechslungsreichen Umfeld leben. Ist das Huhn beschäftigt (und Nahrungssuche ist eine sehr natürliche, artgerechte Beschäftigung), kommt es nicht so schnell auf dumme Gedanken und Unarten (Seite 117). Das „Herumsauen“ am Napf dämmt man mit Bügeltrögen ein. Dabei handelt es sich um Futtergefäße, die in regelmäßigen Abständen mit Bügeln versehen sind, zwischen die die Hühner ihre Köpfe zum Fressen stecken müssen. Das Wegschleudern von Futterbestandteilen wird sehr erschwert, weil die Tiere den Kopf zwischen den Bügeln nicht mit Schwung drehen können. Lassen Hennen aufgrund ihrer Stellung im Rang einige Mitbewohnerinnen nicht mitfressen, können diese Tröge ebenfalls eine Option sein, da die Bügel das Wegpicken schwächerer Tiere behindern. Die Länge der Futtertröge sollte so bemessen sein, dass alle Tiere gleichzeitig fressen können. Man rechnet etwa 20 cm Troglänge pro Huhn.

Der wahre Luxus: Selbstbedienung

Natürlich kann man den Hühnern unhandliche Knollen und Strünke ganz klein schneiden oder raspeln. Eine schöne Beschäftigung für die Tiere ist es aber auch, Futter selber abzupicken – es muss ja nicht immer alles schnabelgerecht serviert werden. Ganze Topinambur-Stängel mit vielen Blättern daran, aufgeschnittene Zucchini oder Salatköpfe – hier müssen die Hühner selber ran und sich Stückchen abzwicken („abbeißen" kann man in diesem Zusammenhang nicht sagen, Hühner haben keine Zähne). Vorteil ist auch hier: Die Tiere sind eine Weile beschäftigt. Da sie sich ihre Stücke mit Schwung aus etwas unförmigem Fressbaren „raushacken" müssen, sollten Apfel, Kohlrabi, Rote Bete, Möhre und Co. fixiert werden, damit sie ihnen nicht davonrollen. Bewährt hat sich, Gemüse und Obst im Ganzen bzw. halbiert (wegen der besseren Angriffsfläche) auf schwere Holzstücke zu nageln. Die Technik, die die Hühner hier anwenden, ist interessant zu beobachten: Sie schnappen das Objekt der Begierde mit dem Schnabel und drehen blitzschnell den Kopf, um es abzureißen.

Wer dies einmal im Selbstversuch erkunden möchte, halte den Hühnern ein kurzes Futterstückchen, beispielsweise ein kleines Stück Nudel, zwischen den Fingern hin. Die Hühner zielen ziemlich genau – und erwischen oft trotzdem ein Stück Haut. So kommt man in den „Genuss" dieses besonderen Drehs und erkennt schmerzvoll seine Wirksamkeit. (Das soll übrigens keinesfalls ein Plädoyer gegen das Handfüttern sein. Im Gegenteil! Es macht einen schon ein

... oder spezielle Bügeltröge, die verhindern, dass die Tiere zum Rausschleudern Schwung holen können.

Selber Futter „erjagen" macht zufrieden: Wenn Maiskolben, Salatkopf und Co. auch mal aufgehängt werden, erhöht das den Schwierigkeitsgrad für die Hühner.

bisschen stolz, wenn einem die Hühner voller Vertrauen aus der Hand fressen. Auf der Handfläche liegendes Futter, so meine Erfahrung, wird in der Regel schmerzfrei heruntergepickt.)

Nur eines kriegt das Federvieh einfach nicht hin: Egal, ob Weißer Gänsefuß oder Franzosenkraut, bei leichten Stängeln haben sie Schwierigkeiten, die Blätter abzupicken. Da wippen die Zweiglein hin und her und sie bekommen oft nichts abgerissen. Auf dem Blatt bleibt ein halbmondförmiger Schnabelabdruck zurück, es hängt aber nach wie vor fest am Stängel, das Huhn kratzt sich nachdenklich am Kopf und probiert es bei einem anderen Blatt … Da möchte ich am liebsten den Hund rufen, damit er ihnen anhand eines Kauknochens zeigt, wie das geht: Zwischen die Pfoten klemmen und schon hat man Angriffsfläche. Der Hund beherrschte diese Technik nicht von Kindesbeinen an, er hat sie sich irgendwann ausbaldowert. Und ich als Mensch mit (vermeintlicher) Übersicht denke: Mädels, stellt euch hinten drauf, dann könnt ihr vorne picken. Und so schlau Hühner auch sind, diese Art der Problemlösung bekommen sie nicht hin. Und wenn sie die Stängel doch einmal mit dem Fuß fixieren sollten, ist es eher Zufall und keine bewusst angewandte Technik, auf die sie immer wieder zurückgreifen. Aber wenn man es von der anderen Seite betrachtet: Durch das Abmühen kommt keine Langeweile auf. Und ich werde nicht müde, es zu betonen: Ein auf gesunde Art und Weise beschäftigtes Huhn hat keine Zeit für Unarten. Wer es den Hühnern dennoch erleichtern will, der kann übrigens einen schweren Stein auf die Stängel legen oder viele Stängel mit einer Schnur zu einem festen Bündel zusammenbinden und aufhängen. Das ist auch ein prima „Spiel" für den Winter: Wenn man Brennnesseltriebe in der Vegetationsperiode erntet und trocknet und diese Bündel dann im Winter in den Stall hängt, erhält man eine ideale und noch dazu gesunde Beschäftigungstherapie für seine Hühner.

Haben die Hühner ein unhandliches Blatt oder einen zu großen Brocken im Schnabel, wenden sie noch eine andere Methode an: Sie schütteln heftig mit dem Kopf. Im besten Falle zerbricht der Klumpen dabei und die Teilstücke werden hinuntergeschluckt; notfalls wird das Unpassende im Schütteln losgelassen und auf diese Weise weggeschleudert. Reste am Schnabel werden mithilfe der Krallen weggekratzt. Neues Futterstückchen, neuer Versuch.

Daneben zupfen sie auch gerne Gras und Wildkräuter ab; sie würden auch Kräuter aus unserem Küchengarten abzupfen, wenn man sie ließe. Wer seinen Hühnern also eine vitaminreiche Freude machen will, opfert ihnen einen Topf Petersilie. Und wer nichts opfern will, guckt im Garten nach: Ich wette, jedermann hat Giersch. Mit einer Schnur zu festen Bündeln zusammengeschnürt und aufgehängt schlagen Sie damit drei Fliegen auf einmal: Die Hühner bekommen eine Extraportion Vitamine und Mineralstoffe, sie sind beschäftigt mit dem Abzupfen und freuen sich über die Abwechslung und Sie haben etwas des ausbreitungsfreudigen Wildkrauts an den Mann bzw. ans Huhn gebracht.

Hühner sind ziemlich verfressen – und wer am höchsten springt, bekommt als erster etwas. Sportlich ...

Der Auslauf: Abenteuerspielplatz und kostenloses Buffett

Kommen wir noch kurz zum Abzupfen von Gras zurück: Bei einer intakten Grasnarbe und relativ kurzem Gras fressen die Hühner tatsächlich nur die Grasspitzen ab. Sobald aber die Narbe kaputt ist, sind sie animiert zu schauen, welches Getier sich im Boden versteckt – und sie beginnen zu scharren ... Kommt dann noch Nässe hinzu, gepaart mit einer Prise Langeweile, ist bald das schöne Gras dahin, wie ich auf Seite 32 aus eigener leidvoller Erfahrung berichten werde. Für eine dichte Grasnarbe förderlich ist regelmäßiges Mähen und das zeitweise Absperren von Teilbereichen des Auslaufs, damit sich das Gras erholen kann – dies können allerdings nur Besitzer größerer Flächen ermöglichen.

Übrigens ist es für die Tiere schön, wenn man im Auslauf Partien mit kurz gemähtem Gras und „Gräserwildwuchs“ kombiniert. Lange Grashalme bekommen Hühner nicht gepackt; ihnen gelingt es auch kaum, die Spitzen abzuzupfen, da sich die Halme beim Zupacken in alle Richtungen biegen. Sie ahnen es sicher ... Das ist ein prima Anti-Langeweile-Spiel! Abschneiden und als Futter anbieten sollten Sie langes Gras übrigens niemals! Unter Umständen könnten sich die Halme im Kropf zu einem Knäuel verschlingen und ihn verstopfen – dann muss das Huhn dringend zum Tierarzt. Lieber die langen Grashalme stehen lassen, wo sie sind – die Hühner können sich darin verstecken und einem ihrer liebsten Hobbys nachgehen: Käfergucken.

Diese Bielefelder Zwerg-Kennhühner genießen offensichtlich ihren Auslauf und bedienen sich reichlich am Grünzeug.

Käfer gucken? Und auch Käfer essen! Es stehen auch andere Insekten und ebenso Würmer auf dem Speiseplan. Denn Hühner sind keine Vegetarier; sie sind Allesfresser und verputzen auch Tierisches. Da hat es die Natur clever eingerichtet, dass sie geschickte Jäger sind. Manchmal müssen sie nur kleine Käfer aus dem Blattwerk klauben (da hilft ihnen wieder ihr scharfes Auge). Sie können darüber hinaus mit etwas Erfahrung sogar Insekten im Flug erhaschen – das sieht sehr lustig aus, wenn sie mit ruckartig schlängelnden Bewegungen mit dem Kopf eine Mücke verfolgen. Oder sogar tief fliegenden Maikäfern hinterhergaloppieren – und sie dann oft auch erwischen … Manche Hühner avancieren auch zu guten Mäusejägern; da überlegen es sich die Nager zweimal, ob sie im Stall nach Getreideresten suchen sollen.

Wenn ihnen ein besonders guter Fang gelungen ist oder der Halter mit tollen Leckerbissen um die Ecke kam, machen Hühner meist etwas, das ungeschickt erscheint: Sie rennen weg! Was machen die anderen Hennen? Genau, sie rennen hinterher. (Solch ein Verhalten ist übrigens schon im Kükenalter zu beobachten, wenn die erste Motte erbeutet wurde.) Und so kommt es dazu: Zum schnellen Herunterschlucken in einem Stück ist – sagen wir mal ein veritabler Regenwurm – zu groß; er muss zerteilt und in die richtige Position zum Verschlingen gebracht werden. Das dauert ... Und das Huhn weiß um die guten Augen und die schlechte Moral der Kolleginnen: Die klauen wie die Raben! Es ist wie ein Teufelskreis: Ein Huhn rennt mit einem Leckerbissen weg, die anderen rennen hinterher, weil das erste Huhn ja etwas Tolles zu fressen gefunden haben *muss*, sonst würde es schließlich nicht wegrennen ... Auch wenn von derselben Sorte Leckerei noch einiges verfügbar wäre, wird der Flüchtende erstmal verfolgt. Sicher ist sicher; der könnte ja noch etwas viiiiel Tolleres haben ...

Ich frage mich an dieser Stelle immer, ob es für das Huhn nicht geschickter wäre, sich mit der Beute im Schnabel ganz gemächlich davonzuschleichen. Erst das Wegrennen erregt Aufmerksamkeit! Aber wahrscheinlich ist dies meine menschliche Sicht der Dinge. Dem Huhn liegt Lügen und Vortäuschen fern. (Nur wenn der Hahn seine Hennen für ein Stelldichein herbeilocken will, „lügt“ er, wie ich Ihnen auf Seite 81 beweise.) Und außerdem scheint das Huhn zu wissen, dass den Kolleginnen ein paar Insektenbeine, die aus dem Schnabel baumeln, so oder so nicht entgehen.

Denn sie wissen, was sie tun ...

Hühner scheinen ganz instinktiv zu wissen, was ihr Körper benötigt – oder eben auch nicht braucht. Ein Beispiel: Ich gebe meinen Hühnern ihre eigenen Eierschalen retour, damit sie durch sie ihren Kalkbedarf nach eigenem Gutdünken decken können. Obwohl Calcium meist in irgendeiner Form – oft als Futterkalk oder Muschelschalenbruch – den Standard-Futtermischungen zugesetzt ist, biete ich meinen Tieren zusätzlich diese natürliche (und kostenlose) Calciumquelle an – einfach weil sie für das Eierlegen viel von diesem Mineralstoff benötigen. Vor der Fütterung werden die Schalen gesäubert, im Backofen sterilisiert und fein zerbrochen. Letzteres macht man, damit die Tiere sie leicht aufnehmen können und vor allem, damit sie sie nicht als Eier erkennen. Denn wenn sie auf die Idee kommen sollten, die „vollen“, frisch gelegten Eier ebenfalls zu fressen, dann Halleluja (mehr dazu ab Seite 132). Manche Hühnerhalter lehnen aufgrund dieses Risikos die Schalenfütterung gänzlich ab und kaufen Futterkalk im Fachhandel; ich persönlich (und Generationen von Bauersleuten vor mir) hatte damit noch nie Probleme. Jedenfalls fraßen immer alle meine Hennen mit Begeisterung die Schalenstückchen. Irgendwann erkrankte eine meiner Marans-Hennen an einer Legedarmentzündung – und legte bis zu ihrem Tod nie wieder ein Ei. Recht bald fiel mir auf: Sie frisst keine Eierschalen mehr! Ich will mal nicht ausschließen, dass sie doch hin und wieder ein Stückchen genommen hat, wenn ich nicht hingeguckt habe; schließlich benötigen alle Hühner einschließlich der Hähne für ihre Knochen Calcium (dafür dürften aber die Zusätze an Muschelkalk oder Ähnlichem in den Standard-Futtermischungen ausreichen). Es war jedoch auffällig: Meine Marans-Henne beteiligte sich nie wieder an der „Eierschalen-Jippieyeah-Party“ der anderen Hennen.

Hühner wissen also, was sie brauchen. Ein anderes Beispiel: Die Körnermischung, die ich füttere, enthält verschiedene Mineralstoffe, die den naturbelassenen Körnern in Form von Pellets beigemischt sind. Es gibt Tage, da bleiben genau diese Pellets übrig, die Körner sind alle weggepickt. Und es gibt Tage, da sehe ich, wie einzelne Hühner sich diese Pellets als erstes einverleiben – dann scheint ihrem Organismus gerade ein Mineralstoff zu fehlen. Ganz schön schlau für ein viel zu oft für dumm verkauftes Tier, finden Sie nicht auch? Dies ist auch ein Grund, warum man Hühner hin und wieder beim Aufpicken von Erde und Sand, die natürlicherweise Mineralien enthalten, sieht. Zeitsparer-Tipp für den Halter: Frisch geerntetes, unbelastetes Gemüse aus dem eigenen Garten (bzw. die Schalen davon) brauchen Sie vor dem Füttern nicht zu waschen. (Eine Portion Beta-Carotin plus Mineralien gefällig? Bitteschön: Möhrenschalen mit etwas Gartenerde!) Weitere für uns gänzlich ungewöhnliche Futterkomponenten, an denen sich Hühner nach Bedarf bedienen, sind morsches Holz und Holzkohle. Sich zersetzendes (kein schimmliges!) Holz, sogenanntes Totholz, nutzen die Tiere für ihren Vitamin-E-Haushalt, außerdem picken sie gern in die zerklüftete Oberfläche, um versteckte Insekten freizulegen. Holzkohle wirkt sich günstig auf die Darmflora aus und ist auch als Hausmittel bei Durchfall bekannt. Und noch einen weiteren Punkt möchte ich ergänzen: Hühner fressen Steine! Die brauchen sie zum Verdauen der Nahrung, Genaueres erfahren Sie ab Seite 23.

Lassen Sie mich kurz ein paar Sätze zu Giftpflanzen sagen. In fast jedem Hühnerbuch steht, im Auslauf dürften keine giftigen Pflanzen wachsen. Das finde ich prinzipiell richtig, denn man muss das Schicksal nicht herausfordern. Aber Hühner sind vorsichtige Wesen. Und weder ich noch mein lieber Co-Autor Wilhelm Bauer haben je von Hühnern gehört, die an einer giftigen Pflanze gefressen und sich so vergiftet hätten. Am ehesten locken vielleicht noch saftige Beeren und man könnte auf Nummer sicher gehen und Eiben und Kirschlorbeer aus dem Hühnerauslauf verbannen. Aber solange die Hühner die Pflanze in ihrer natürlichen, kompletten Ausprägung sehen, ist das Risiko sehr gering, dass sie Giftpflanzen zu sich nehmen. Anders würde es aussehen, wenn man Samen oder gehackte Blätter zum Beispiel dem Futter untermischen würde. Da wäre es ungleich schwerer für die Hühner, die ungenießbaren Teile als solche zu erkennen. Aber wer tut das schon? Also keine Panik bitte, sondern vernünftige Vorsicht!

Wie Hühner trinken

Kommen wir vom Essen zum Trinken. Hühner sind keine Saugtrinker (ja, das heißt wirklich so). Das bedeutet, sie können Wasser nicht aktiv ansaugen, wie das beispielsweise Tauben können. Hühner tunken ihren Schnabel ins Wasser, sodass es in den unteren Schnabel läuft, schließen ihn und legen den Kopf Richtung Nacken, bis das Wasser die Kehle hinunterläuft. Eher passiv diese Technik, aber sie funktioniert! Wenn Sie die Tränke etwas erhöht aufstellen, erleichtern Sie den Hühnern diese Prozedur – dann ist der Weg, der jedes Mal mit dem Kopf zurückgelegt werden muss, bis ein Schlückchen Wasser intus ist,

Ein erhöhter Wassertrog ist von Vorteil, denn Hühner können das Wasser nicht einsaugen, es muss in ihren Schnabel rinnen, …

… um dann durch Heben des Kopfes die Kehle hinunterzulaufen.

nicht so weit. Um ausreichend Flüssigkeit zu sich zu nehmen, muss das Tier nämlich einige Male den Schnabel eintunken und heben.

An heißen Sommertagen trinkt ein einzelnes Huhn schon mal bis zu 300 ml – wie viele Schnabel voll mögen das wohl sein? An regnerischen Tagen brauchen Sie sich auf der anderen Seite nicht wundern, wenn die Tränke am Abend noch recht voll aussieht. Ich habe festgestellt, dass die Hühner sich sehr gerne draußen etwas unkonventionelle Trinkquellen erschließen. Regentropfen vom Zaun des Auslaufs, Tautropfen aus dem Gras, Regenwasser, das vom Fallrohr in eine kleine

Trauben sind ein echter Leckerbissen …

Mulde in der Erde fließt … Das deckt sich mit den Erfahrungen anderer Hühnerhalter: Hühner scheinen Regenwasser dem Leitungswasser vorzuziehen, wenn sie die Möglichkeit haben. Es scheint ihnen besser zu schmecken (vielleicht sind die Zusätze in manchen Leitungswässern ein Grund dafür, beispielsweise geringe Mengen Chlor). Außerdem fasziniert sie, wie ich auf Seite 27 genauer beschreiben werde, das Glitzern von Tropfen von Kükenbeinen an. Hinzu kommt sicher noch eine Portion Abenteuerlust (hatte ich schon erwähnt, dass Hühner furchtbar neugierig sind?).

Aber bitte kommen Sie nun nicht auf die Idee, Ihren Hühnern Wasser aus der Regentonne anzubieten. Das wäre zwar nachhaltig und sparsam, aber für die Tiere gefährlich. Wo Wasser länger steht, bilden sich Keime, die die Tiere krank machen können. Auch „Jauchewasser", also Wasser, das aus dem Misthaufen sickert, würden die Hühner trinken, wenn sie die Gelegenheit hätten – was ihnen aber aus den eben genannten Gründen verwehrt werden sollte; eine alte Bauernweisheit sagt auch, dass dies „stinkige Eier" ergibt.

Einer der wichtigsten Leitsprüche der Hühnerhaltung ist deshalb: Stets *frisches* Wasser! Und bitte schauen Sie, dass tatsächlich immer welches da ist. Hühner trinken nicht „auf Vorrat", sondern sie trinken wenig, dafür oft. Das ist ganz typisch Vogel! Logisch, ein Vogel muss leicht sein, um fliegen zu können (dabei spielt es keine Rolle, dass Hühner keine Meisterflieger sind, Seite 48). Eine volle Wampe wäre da nur hinderlich.

Wie Hühner verdauen

Hühner fressen, wie bereits kurz erwähnt, Steine. Das verwundert den Hühner-Neuling häufig, ist aber leicht zu erklären. Hühner haben keine Zähne und können deshalb das Futter nicht kauen. Wenn man bedenkt, wie hart zum Beispiel so ein Weizenkorn ist, stellt sich die Frage: Wie bekommen sie das klein? Zuerst einmal schlucken sie das Korn als Ganzes. Wenn sie zuvor kleine kauende Bewegungen mit dem Schnabel machen, ist das übrigens kein wirkliches Kauen. Sie ertasten das Korn und drehen es mithilfe der Zunge im Schnabel in die Richtung, in der sie es am besten verschlucken können. Das Korn gelangt dann zuerst in den Kropf. Den Kropf muss man sich wie eine Art Tasche in der Speiseröhre vorstellen, in der Futter zusammen mit etwas Wasser zwischengelagert und eingeweicht wird.

Vom Kropf aus gehen die vorgeweichten Körner erst in den sogenannten Drüsenmagen, wo sie mit Verdauungssekreten versetzt werden, dann weiter in den Muskelmagen. Und im Muskelmagen kommen die Steine zum Einsatz! Stellen Sie sich bitte keine Kieselsteine in der Größe eines Handschmeichlers vor, sondern kleinere Kaliber (irgendetwas zwischen stecknadelkopf- und erbsengroß). Diese Steinchen arbeiten wie kleine Mühlsteine: Die Muskeln dieses Magens – daher der Name Muskelmagen – kontrahieren abwechselnd und lassen so die Steinchen aneinander reiben und auf diese Weise die Körner zermahlen. Dadurch entsteht auch Abrieb an den Magensteinen, außerdem setzen ihnen die Magensäfte zu: Irgendwann sind diese Steinchen also „verbraucht" und ihre Aufgabe erfüllt. Dann pickt das Huhn einfach neue auf – sein Leben lang.

Halter, die ihren Tieren Auslauf im Freien, also mit Erdboden unter den Hühnerfüßen, bieten, können das Thema Magensteinchen eigentlich gleich wieder vergessen. Der Auslauf ist für die Tiere ein Selbstbedienungsladen und sie suchen sich bevorzugt ihre Steinchen in der perfekten Größe und Beschaffenheit allein. Wenn sie nur eine kleine Fläche mit Naturboden zur Verfügung haben oder in Zeiten, in denen die Tiere länger im Stall bleiben müssen, zum Beispiel, wenn sie im Krankheitsfall unter Quarantäne stehen oder bei offiziell verhängter Stallpflicht zur Vogelgrippe-Vorbeugung, sollten Sie ihnen Magensteinchen in Form von Grit (aus dem Land- oder Futterhandel) anbieten. Wenn Sie einen Auslauf haben und zusätzlich Grit anbieten – raten Sie mal, wo sich die Tiere lieber bedienen? Richtig: in der Natur! Also sorgen Sie sich nicht, wenn der Grit-Behälter voll bleibt. Die Hühner machen das schon!

Einzig Küken sollten Sie immer spezielle Magensteinchen anbieten. (Ja, auch Küken brauchen die schon!) Ideal für sie ist gewaschener Flusssand; der hat eine gut geeignete runde Körnung. Vogelsand aus dem Handel ist oft zu scharfkantig.

Wenn vorne viel rein geht, kommt hinten auch viel wieder raus – für die Konsistenz kann man solch ein Gleichnis ebenso wagen.

Was rein geht, muss auch wieder raus ...

Die Aufnahme der Nährstoffe in den Körper erfolgt dann im Darm. Der unverdauliche Rest wird über die Kloake ausgeschieden. Hühner zeigen eine Besonderheit: Sie scheiden Harn und Kot nicht separat, sondern zusammen aus. Dem Harn wird zuvor ein Großteil des Wassers entzogen. Zusammen mit dem Kot ergibt das – bei richtiger Fütterung – hübsche kompakte Häufchen. Ich betone die Konsistenz deswegen so plakativ, damit Sie sich vorstellen können, dass Hühnerställe – entgegen aller Klischees und Vorurteile – relativ leicht sauber gehalten werden können. Und wo wir gerade so schön beim Thema sind: „Normale“ Hühnerhaufen, der sogenannte Dickdarmkot, ist graugrün (der Kot) mit einem weißen Klecks (der Harn) obendrauf. Daneben gibt es aber noch eine andere Kotart, die nicht so häufig ausgeschieden wird: der sogenannte Blinddarmkot. Er ist eher ockerfarben und er stinkt. Also wenn Sie das hin und wieder im Stall beobachten: Es ist kein Durchfall oder ein Anzeichen einer Krankheit!

Und wie geht's weiter im Hühneralltag? Nach der ersten großen Mahlzeit des Tages und ein paar Schluck Wasser geht es hinaus ins Freie. Meist können die Tiere es kaum erwarten, in den Auslauf zu gelangen – bis auf Hennen, die im Begriff sind, ein Ei zu legen. Die ziehen sich in die Legenester zurück nach dem Motto „erst die Arbeit, dann das Vergnügen“. Übrigens, wenn sich die Henne im Eierlegeprozess befindet, bleibt sie auch während der Fütterung im Nest. Der Zwang, das Ei zu legen, ist größer als der Drang zur Futteraufnahme.

Picken und Hacken

Das Aufpicken von Futter und angedeutete *Picks* als Kommunikationsmittel untereinander (je nach Intension auch echtes Picken oder Hacken nach Artgenossen) … das sind allernatürlichste Verhaltensweisen eines Huhns und hundertfach am Tag zu beobachten – schon bei Küken. Grund genug, diesem Verhalten einen eigenen Abschnitt zu widmen.

Der Schnabel: ein Multifunktionswerkzeug

Der Schnabel ist das wichtigste Werkzeug des Huhns. Prüfen des Futters auf Tauglichkeit, Sortieren und Wegschleudern von unbeliebten Körnern oder Fremdkörpern, Aufpicken von Nahrung, Abzupfen von Grashalmen oder Blättern vom Stängel, Trinken (Seiten 12 und 20), Säubern und Einfetten des Gefieders (Seite 36) und Kommunizieren im weitesten Sinne (Seiten 29 und 103) – ein Superding, so ein Schnabel! Ein immens wichtiges Körperteil – schauen Sie Ihren Hühnern daher regelmäßig auf den Schnabel! Denn nur wenn er einwandfrei „funktioniert", kann das Huhn das Richtige in ausreichender Menge fressen, trinken, sich putzen … kurzum gesund bleiben. Der Schnabel muss sauber sein, um all seine Aufgaben erfüllen zu können. Ein gesundes Huhn kümmert sich selbst darum: Ein durch Futterreste verschmierter Schnabel wird mit den Krallen sauber gekratzt, durch Erde oder Gras gezogen, am Stallboden oder Napf abgestreift. Hühner mit verschmiertem Schnabel, die es offensichtlich nicht

Nur ein sauberer Schnabel ist ein guter Schnabel! Es ist erstaunlich, wie treffsicher sich ein Huhn mit seinen langen Krallen den Schnabel frei kratzt.

schaffen, ihn binnen kürzester Zeit selbst zu säubern, sollten Sie genau begutachten und behandeln (lassen).

Beim Schnabel handelt es sich vereinfacht gesagt um ein Gerüst aus Knochen, das mit Hornsubstanz umgeben ist. Der fatale (und falsche!) Vergleich mit unseren Fingernägeln, der manchmal gebraucht wird, hinkt gewaltig. Denn im Gegensatz zu unseren Nägeln ist der Schnabel von Nerven durchzogen. Im Schnabel befinden sich sogenannte Tastkörperchen, die Futterteile (aber auch alles andere) einschätzen helfen. Sogar die Temperatur nimmt das Huhn mit dem Schnabel wahr. Aus diesen wenigen Sätzen wird klar, warum das früher in Geflügelhöfen praktizierte und heute Gott sei Dank verbotene Schnabelkupieren so barbarisch ist. Durch das Abbrennen (an einer Brennplatte) und damit Kürzen der Schnabelspitze wurde dieser Teil unnatürlich (schmerz-)empfindlich gemacht: Dies sollte das Huhn davon abhalten, nach Artgenossen zu hacken. Demjenigen, der nun das Argument bringt, dass übermäßiges Hacken ein gravierendes Problem für die Tiergesundheit in Großbetrieben darstellt und man dies mit diesem „kleinen Eingriff" gut in den Griff bekommen könne, sei gesagt: In artgerechter Haltung mit entsprechend weniger Tieren auf dem vorhandenen Platz tritt dieses Problem nicht in bestandsgefährdendem Ausmaß auf! Die Tiere hacken gemäß ihrem natürlichen Verhalten, um die Rangordnung auszufechten und immer mal wieder zu behaupten oder zu ändern (Seite 96).

Für den Tastsinn ist der Schnabel unentbehrlich. Er bekommt aber Unterstützung von den sogenannten Vibrissen. Das sind Minifederchen im Hühnergesicht, die eine ähnliche Funktion haben wie die Schnurrhaare einer Katze.

Aber mit Verlaub: Wenn es in der Natur der Hühner liegen würde, ihre Artgenossen mit Hingabe zu piesacken bis hin zum Meuchelmord – hätte die Art die Jahrtausende überlebt? Oder wäre sie viel eher als „Fehlkonstruktion" der Natur schon längst zugrunde gegangen? Ich will mich auch gar nicht weiter echauffieren; so oder so ist das Kupieren heutzutage verboten.

Auf der Suche nach Futter ... und mehr

Hühner picken in erster Linie mit dem einen Ziel: Fressen! Dazu gehört, die Nahrung zu erkennen (Hühner erfahren ihre Welt wie gesagt mit dem Schnabel tastend) und bei Eignung das Gefundene aufzunehmen (Seite 12). Oft kommt das Picken am Boden mit einem weiteren Verhalten im Doppelpack daher: mit dem Scharren (Seite 31). Beides gehört zum Futtersuchverhalten und ist essentiell im Hühnerleben. Bereits bei Küken kann man ein ausgeprägtes Bedürfnis nach Scharren und Picken beobachten. Können sie es nicht ausleben, steigert das Forschungen zufolge das Risiko von Verhaltensstörungen im Erwachsenenalter (mehr dazu auf Seite 134).

Ein Faible für Rundes und Glänzendes

Hühner nutzen das Picken zum Erkunden – ob sie damit allgemein Gegenstände ihrer Umgebung untersuchen oder aber vielleicht die Futtersuche immer der Antriebsmotor ist, wird wohl ewig das Geheimnis der Hühner bleiben. So oder so wird Ungewöhnliches mit einem kurzen *Pick* inspiziert. Wer seine Hühner beobachtet, erkennt sehr schnell, dass sie bevorzugt nach runden, getreidekorngroßen, nach glänzenden und nach roten Gegenständen picken.

Der Fokus auf kleine runde oder ovale Sachen erklärt sich leicht mit der Ähnlichkeit zu Körnern. Getreide und Sämereien gehören seit Jahrtausenden zur Nahrung der Hühner und so inspizieren sie jedes ähnlich aussehende Ding genauestens. Das kann dann schon mal ein Leberfleck auf der Haut oder Löcher in den Gartenclogs sein. Eine Freundin von mir beobachtete mehrmals, wie ihre Hühner nach den Löchern ihrer Gartenschlappen pickten, anscheinend konnten sie sehenden Auges das Loch nicht von einem schwarzen Punkt unterscheiden; sie mussten es erst haptisch mit dem Schnabel erfahren, um ihren Irrtum zu bemerken. Ein Huhn mit Schnupfen übrigens kann in arge Schwierigkeiten kommen: Wenn sich Sekret aus den verstopften Nasenlöchern über den Schnabel zieht, fressen die Tiere automatisch weniger, weil sie das Futter nicht eindeutig erkennen und im Zweifel lieber liegen lassen.

Das Interesse für Glänzendes ist vermutlich auf das Glitzern von Wassertropfen zurückzuführen. Wer nach einem Regenguss seine Hühner besucht, findet sie nicht selten fasziniert am Maschendrahtzaun stehen und Tropfen für Tropfen, die sich am Draht sammeln, aufpicken. Da kann die gefüllte Tränke danebenstehen, der „Glitzertropfen" zieht die Hühner in seinen Bann.

Scharren und picken dienen nicht nur der reinen Futtersuche, sie sind auch um ihrer selbst willen wichtig für eine gesunde Entwicklung. Hühner, denen in Kindertagen die Möglichkeit dazu genommen wurde, zeigen viel häufiger Verhaltensauffälligkeiten.

Wenn Hühner rot sehen ...

Hühner lieben die Farbe Rot! Spätestens wenn man einmal in Sandalen und mit rot lackierten Zehennägeln zu den Hennen gegangen ist, muss man zugeben, dass da was dran ist. Und haben Sie bemerkt, dass die Ränder von Tränken und Futterautomaten aus dem Fachhandel häufig rot sind – gerade Ausführungen für Küken? Genau! Damit sie die Futterstellen schnell finden. Auch beim Kunststückchenlernen – das Internet hat viele Videos dazu in petto – wird nicht ohne Grund gern mit der Farbe Rot gearbeitet (mehr dazu ab Seite 114).

Und warum ist Rot der Hühner Lieblingsfarbe? Weil sie ein Erkennungszeichen gesunder, paarungsbereiter Partner ist: Sowohl beim Hahn als auch bei der Henne deuten ein sattroter Kamm und rote Kehllappen auf Geschlechtsreife hin. Der Vollständigkeit halber sei aber erwähnt, dass es auch Hühnerrassen gibt, deren Kämme nicht rot sind; bei Seidenhühnern sind sie maulbeerfarben (so wird in der Züchtersprache ein dunkles, lilastichiges Bordeaux genannt), bei den ungewöhnlichen Cemani gar rabenschwarz. Aber gehen wir bei den weiteren Überlegungen mal vom „Normalfall", einem roten Kamm, aus. Der Hühnerhalter sieht daran gleich, ob sich die Hennen in einer Legeperiode befinden.

Zu junge Hennen bzw. Zeiten, in denen Hennen mit dem Legen pausieren (zum Beispiel während der Mauser, Seite 92), gehen mit blassen Kämmen einher. Für das andere Geschlecht heißt das sinngemäß: „Bemühe dich nicht; es

Ein schöner Vergleich: Das Junghuhn links ist etwa neun oder zehn Wochen alt, die Henne daneben ist erwachsen und geschlechtsreif.

kommt gerade sowieso kein Nachwuchs dabei heraus." Und das Augenmerk wandert zu anderen potenziellen Partnerinnen. Da ist es mehr als logisch, dass Hühner gerne „Rot sehen" und auf diese Farbe im Allgemeinen anspringen – und eben auch gern mit dem Schnabel antasten.

Leider spielt die Vorliebe für Rot den beiden schlimmsten Verhaltensstörungen von Hühnern in die Hände: Federpicken und Kannibalismus, bei denen sich das Pickverhalten zu etwas Grausamem steigert. Bei beiden glücklicherweise in artgerechter Haltung sehr selten vorkommenden Fehlverhalten spielt Blut (Richtig, das ist rot!) eine wichtige Rolle. Mehr dazu erfahren Sie im Extrakapitel zu möglichen Fehlverhalten von Hühnern ab Seite 117.

Als Mittel der Kommunikation

Kommen wir zu einer weiteren Facette der Schnabelarbeit: Picken und Hacken untereinander, also mehr oder weniger heftige Schnabelhiebe gegen Artgenossen. Das reicht von angedeutetem Picken in Richtung anderer Hennen (ohne das Gegenüber tatsächlich zu berühren) über reelle Stöße mit geschlossenem Schnabel bis hin zum Packen von Federn oder gar Haut (zum Beispiel am Kamm), gefolgt von der so typischen schnellen Drehung des Kopfes (Aua!). Bei letzterer Handlung liegt einem das Wort „Beißen" auf der Zunge, zumal der

Hier ist die Körpersprache eindeutig: Das passt mir nicht! Du solltest mir nicht im Weg rumstehen! Mach Dich vom Acker! ...

Malträtierte dabei nicht selten laut aufschreit. Hühner haben jedoch keine Zähne, weshalb der Begriff nicht ganz richtig ist, die Intention und Wirkung aber dennoch gut beschreibt. Alles in allem sind Picken, Hacken und – ich gebrauche mal absichtlich das (falsche) Wort – „Beißen“ wichtige Mittel zur Herstellung des Sozialgefüges in der Herde. Dies ist solch ein zentraler Punkt im Hühnerleben, weshalb ich dem Zusammenleben in einer Rangordnung ein eigenes Kapitel ab Seite 95 widme.

Manchmal gibt es aber auch kleinere *Picks* in Richtung anderer Hühner, die mit Rangfolge-Auseinandersetzungen wenig zu tun haben, sondern eher praktischer Natur sind. Ich habe die Hühner oft abends beobachtet, wenn sie nebeneinander auf der Stange sitzen: Eine Henne hat immer mal wieder ihrer Nachbarhenne in die Füße gepickt, um sie zum Rutschen oder gar zum Überlassen des vermeintlich besseren Sitzplatzes zu bewegen (eine ausführliche Beschreibung finden Sie auf Seite 55). Dass es hierbei nicht um Rangordnung ging, habe ich daraus geschlossen, dass sich das „Opfer“ breit gemacht und stoisch geradeaus geguckt hat – und keinen Millimeter gerutscht ist. Hätte diese Art der Kommunikation etwas mit Rangfolge zu tun, wäre die rangniedere Henne aufgesprungen und hätte der ranghöheren Platz gemacht.

Weitere Schnabelarbeit

Eine weitere Aufgabe des Schnabels – nicht wirklich dem Picken und Hacken zugehörig – möchte ich noch kurz erwähnen: Wer schon einmal beobachtet hat, wie eine Henne ein Nest baut, wie sie Strohhalme zurechtzupft, einzelne Halme aus der Unterlage zieht und fein säuberlich genau dort hinlegt, wo sie sie haben möchte (und die Position notfalls immer wieder korrigiert), der staunt angesichts der feinmotorischen Fähigkeiten. Nicht weniger filigran geht sie mit ihren Eiern um: Während des Brütens wendet sie sie regelmäßig und bugsiert sie in eine für sie optimale Position.

Auch beim Sandbaden kommt immer wieder der Schnabel zum Einsatz. Sinn und Zweck des Pickens in der Erde (häufig sogar im Liegen) ist, diese fein zu zerkrümeln, sodass sich das Huhn damit einpudern kann (Seite 38).

Scharren

Sie scharren
und scharren
und scharren …

Rechts, links, rechts … rechts, links, rechts, rechts, links … dazwischen angestrengtes Schauen und schließlich – *pick*! Dass Hühner kräftig mit den Beinen scharren, weiß fast jeder: Fragt man Laien, was Hühner wohl den ganzen Tag so tun, bekommt man prompt zur Antwort „Eier legen, gackern und Löcher scharren". Letzteres wird vom Vortragenden häufig von heftigem Augenrollen untermalt. Hühner-Skeptiker sehen im „Löcherscharren" nicht selten eine bösartige Handlung des Federviehs, ja, sie unterstellen mutwillige Zerstörung. Dabei ist es ein rein natürliches Verhalten! Und wer beim Begriff „Löcher" an halbmetertiefe Gruben denkt, die ganze Kleinkinder verschlucken könnten, dem sei gesagt, es sind viel eher Kuhlen. Bei Hühnern mit kräftigen Beinen und langen Krallen, viel Energie und Langeweile zugegebenermaßen große Kuhlen, aber eben keine Krater. Und jeder Hühnerbesitzer wird früher oder später mit ihnen Bekanntschaft machen. Aber warum in Gottes Namen tun Hühner das?

Als Mittel zum Zweck: Futter freilegen

In erster Linie scharren Hühner, um Getreidekörner und andere Samen, Käfer und weitere Insekten, Würmer … überhaupt Fressbares in allen Facetten zu finden. Je nachdem wie kräftig Fuß und Krallen der Rasse entsprechend sind, reißen sie

Unter der dicken Laubschicht findet sich manches Würmchen ... das Freilegen ist kein Problem.

den Boden mehr oder weniger stark auf. (Wenn die Hühner von ihrem Wesen her folgsamer wären, könnte man ihnen das Vertikutieren des Rasens überlassen, die richtige Technik beherrschen sie.) Hierbei wird die Erde jedoch eher oberflächlich gelockert und „umverteilt“, richtige Löcher entstehen bei der Futtersuche kaum. (Die charakteristischen Kuhlen stammen vom sogenannten Sandbaden, mehr dazu ab Seite 38.) Nach einem Regenguss scharren sie besonders gerne nach Regenwürmern oder anderem Getier: Sie scheinen gelernt zu haben, dass bei Regen die Würmer nach oben kommen.

Erlauben Sie mir in diesem Zusammenhang eine kleine Anekdote am Rande (aus der Rubrik „Diesen Fehler macht man nur einmal"). Ich hatte im ersten Jahr meines Daseins als Hühnerbesitzerin meinen fünf gefiederten Damen uneingeschränkten Zugang zum Auslauf gewährt. Hach, sahen sie malerisch aus, wie sie da im Frühling auf dem grünen Gras herumflanierten. Der Sommer kam und ging, der Herbst kam und ging, der Winter kam und ging, der Frühling kam – und das Gras ... kam nicht. Ich habe ganz schön dumm aus der Wäsche geguckt! Meine lieben Damen der Rassen Vorwerk (mit zarten Füßen bestückt) und Marans (mit kräftiger Beinarbeit) hatten im Herbst und Winter die Grasnarbe völlig ruiniert! Schuld war die feuchte Witterung: Regen und Schneematsch hatten die Erde aufgeweicht, die Wurzeln fanden keinen festen Halt mehr und beim Scharren wurden ganze Grasbüschel herausbefördert. Und da Hühner viele Stunden am Tag mit Scharren verbringen, konnte sich das Gras nicht im selben Tempo erholen oder nachwachsen. Bis die Grasnarbe wiederhergestellt war, dauerte es das komplette anschließende Frühjahr – inklusive Neuansaat von Hand, Wässern und Absperren, damit die Rasensamen nicht gleich aufgepickt wurden. Und ich hatte das Gefühl, dass es noch das ganze Jahr über brauchte, bis die Fläche so robust wie vor der Hühner-Schlammschlacht war. Den Aufwand hätte ich mir wirklich sparen können! Meine Lehre aus der Geschichte war, die Auslauffläche zu unterteilen und den Hühnern immer wieder einen Bereich vorzuenthalten, damit sich das Gras dort erholen kann. Im feuchten Herbst und Winter lasse ich die besonders schönen Gras-Areale abgesperrt – umso größer ist die Freude im (trockeneren) Frühling, wenn das Federvieh wie im Bilderbuch auf einer grünen Au spazieren gehen kann. Das kann man natürlich nur dann so handhaben, wenn die Auslauffläche groß genug zum Unterteilen ist.

Überlegen Sie einmal, ob Sie nicht wenigstens einen kleinen Bereich immer mal wieder zur Sperrzone erklären können. Schöner Nebeneffekt: Wenn die Hühner dann wieder herein und Neues inspizieren dürfen, beugt das der Langeweile vor. Langeweile ist – zusammen mit Platzmangel – ein Grundübel, wenn Hühner schlechte Verhaltensweisen an den Tag legen! Darauf werde ich noch mehrmals in diesem Buch zu sprechen kommen.

Mit derselben Technik wie bei der Futtersuche scharren Hühner nach winzigen Steinen, sogenannte Magensteinchen. Haben sie welche in passender Größe gefunden, schlucken sie sie hinunter. Sie unterstützen die Arbeit des Muskelmagens und helfen beim Zerkleinern der Nahrung (siehe Seite 23).

Hühner scharren also, um Futter freizulegen – an sich richtig! Aber das Scharren ist mehr als ein Mittel zum Zweck. Es ist ein wichtiges Verhalten im hühnerischen Repertoire; so kann man immer wieder beobachten, dass im Rahmen der Futteraufnahme auch Scharrbewegungen gemacht werden, obwohl das gar nicht notwendig ist. Selbst wenn die Hühner vor einem üppig gefüllten Futternapf stehen und gierig fressen, sieht man, wie sie ab und zu ein Scharren andeuten. Es scheint also, dass dieses Verhalten untrennbar mit zur Nahrungsaufnahme dazugehört – egal, ob es in der spezifischen Situation nötig ist oder nicht.

Auf der Suche nach Körnern scharren Hühner in der Einstreu und lüften sie.

So tun, als ob

Aber auch aus Angeberei scharrt das Federvieh – der korrekte Ausdruck ist Imponiergehabe. Der Hahn bearbeitet konzentriert ein Fleckchen Erde und tut so, als hätte er eine ganz besondere Leckerei entdeckt, er wirft Erdklümpchen in die Luft, sodass auch die Henne im letzten Winkel des Hühnerauslaufs das Schauspiel mitbekommen muss. Die Hennen laufen daraufhin eilig herbei, um zu inspizieren, was der Gockel da wohl gefunden hat. „Hat wieder mal geklappt", sagt sich daraufhin der Hahn und freut sich, dass er von seinen Hennen umringt ist. Denn so hat er es am liebsten: Alle seine Lieben im Blick und unter seinem Schutz; und wer weiß, vielleicht gibt es jetzt auch noch Sex ...

Auch Hennen scharren manchmal, obwohl es eigentlich nicht wirklich etwas zu scharren gibt, dann nämlich, wenn die Glucke ihre Küken in Sachen Futtersuche unterrichtet (Seite 72).

Übrigens ...

Was im Auslauf manchmal ärgert, ist im Stall gar nicht schlecht. Auch hier scharren die Hühner auf der Suche nach in die Einstreu gefallenen Körnern. Dabei wirbeln sie das Material ordentlich durcheinander und lüften es – das sorgt für ein gutes Klima im Stall.

Ein positiver Nebeneffekt ist, dass sich die Hühner bei der Aktion gleich noch die (fortlaufend nachwachsenden) Krallen abwetzen – das heißt, falls Sie unter der Einstreu Beton-, Stein- oder Fliesenboden haben. (Lassen Sie mich an dieser Stelle erwähnen, dass Sie unbedingt einen festen Boden haben sollten, damit Fuchs, Ratte und Co. sich nicht in den Stall hineingraben können.)

Zeit für die Körperpflege

Eines der häufigsten Vorurteile gegenüber Hühnern ist, dass sie dreckig seien, unsauber und stinkend. Das ist Unfug. Wenn es im Hühnerstall stinkt, ist nicht das Huhn schmutzig, sondern der Besitzer (Entschuldigung!) faul. Wenn Sie die Gelegenheit haben sollten: Riechen Sie mal ganz bewusst an einem Huhn! Es riecht eigentlich nach nichts. Was riecht, sind die Hühnerhaufen. Und wenn man zulässt, dass sich diese über Tage und Wochen anhäufen, dann stinkt der Stall, klar! (Das wäre bei uns Menschen ja auch nicht anders.) Die Ammoniakdämpfe, die der Kot ausdünstet, wenn er lange liegt, sind darüber hinaus auch schlecht für die Atemwege.

Hühner machen es uns in Sachen Stallhygiene eigentlich leicht: Sie sind überwiegend abends, nachts und morgens im Stall – tagsüber im Freien. Einen Großteil ihrer Indoor-Zeit verbringen sie auf der Stange, von dieser aus sie sich dann auch fleißig ihrer Hinterlassenschaften entledigen. Der schlaue Hühnerbesitzer befestigt unter der Stange ein Brett oder eine Platte als sogenanntes Kotbrett (ich habe zum Beispiel die günstigste Küchenarbeitsplatte gekauft, die der Baumarkt zu bieten hatte: 20 €). Darauf fallen die allermeisten Hühnerhaufen und können täglich fix beseitigt werden. Ich greife jeden Morgen zu einem breiten Spachtel aus dem Baumarkt (5 €) und schiebe die Hinterlassen-

Praktisch beim Ausmisten, so ein Kotbrett.

schaften in einen Eimer – das dauert 30 Sekunden, plus noch einmal zwei Minuten dafür, die Chose auf den Kompost zu bringen. Kurz durchs Fenster (das übrigens jeder Stall haben sollte) lüften und voilà, mein Stall riecht „trockenholzig" nach Sägespänen. Der Hühnerhalter säubert den Stall, die Hühner säubern sich selbst – perfekt!

Putzen

Hühner verbringen viel Zeit mit dem Putzen. Wasser spielt dabei keine Rolle: Hühner gehen nicht baden, auch dann nicht, wenn sie Zugang zu einer Wasserstelle hätten. Sie bearbeiten dafür ihr Federkleid sehr sorgfältig und geschickt mit ihrem Schnabel. Es werden Einstreupartikel, Körnerspelzen und sonstiges Zeug, das nicht ins Gefieder gehört, weggepickt, dann mit einem Kopfschüttler wegkatapultiert oder am Boden abgestreift. (Wer hat nochmal behauptet, Hühner wären unsauber? Von wegen!) Außerdem wird das Gefieder akribisch von Staub befreit. Ich liebe das Geräusch, das entsteht, wenn die Schwungfedern einzeln durch den Schnabel gezogen werden: Ich kann es schwer beschreiben, ein bisschen wie das Ratschen, wenn man mit dem Finger die Zinken eines Kamms entlanggleitet. Bei dieser Prozedur werden die Federn gleich geglättet, sodass ihre Strahlen wieder perfekt wie ein Reißverschluss ineinandergreifen. Dann noch etwas fettiges Sekret aus der Bürzeldrüse (die sitzt hinten an der

Das Verrenken zum Putzen klappt nach links und nach rechts …

Schwanzwurzel) aufgetragen – und das Federkleid ist wie neu. Das Einfetten macht das Gefieder auch wasserabweisend, weshalb Hühnern ein kurzer Regenschauer nichts ausmacht, leichten Nieselregen ignorieren sie meist völlig.

Dieser akribisch ausgeführte Dreiklang aus Säubern, Glätten und Einfetten der Federn erschafft ein perfektes Schutzkleid. Nur ein intaktes, bestmöglich gepflegtes Gefieder lässt sich ohne Kältebrücken aufplustern, hält warm, hält trocken, federt eine Pickattacke ab, beeindruckt Sexualpartner und macht flugtauglich. Außerdem signalisiert es den anderen Hühnern der Herde: „Ich bin gesund; es gibt keinen Grund meinen Platz in der Rangfolge infrage zu stellen!“ Ein Huhn, das sein Gefieder vernachlässigt, ist höchst wahrscheinlich ein krankes Huhn.

... und auch nach unten.

Was sich liebt, das putzt sich?

Ich werde manchmal gefragt, ob sich Hühner auch gegenseitig putzen, quasi als Akt der Verbundenheit in der Gruppe oder gar als Zeichen der Zuneigung. Ein schöner Gedanke. Aber leider nein. Man sieht hin und wieder, dass ein Huhn einem anderen ein Körnchen vom Rücken oder vom Schnabel pickt. Wenn man genau hinschaut, sieht man, dass dies nur bei (vermeintlich) Fressbarem gemacht wird. Staub und offensichtlich Ungenießbares, das in den Federn klebt, interessiert die Hühnerkollegen nicht die Bohne. So wird schnell klar, dass es bei diesem Verhalten ums Abstauben eines Leckerbissens und nicht um zärtliches Rumschnäbeln geht. Schade eigentlich. Dabei macht es doch so einen liebevollen Anschein ... Ich habe das einmal sehr ausführlich bei zwei meiner Hennen beobachtet und war gerührt von der Vorsicht (und Treffsicherheit) mit der die eine Henne der Ranghöheren (!) verschmierte Brotkrümel vom Schnabel pickte. Die putzende Henne war so behutsam und demütig in ihrem Tun, dass die geputzte Henne zwar überrascht war, es aber geduldig hinnahm. Es lag keine Spur von Aggression in der Luft. Aber Achtung, es hätte auch anders laufen können: Dieses Verhalten kann bei ungünstigen Bedingungen, vor allem bei Stress jedweder Ursache, auch in Fehlverhalten umschlagen und eine Vorstufe zum Federpicken (Seite 134) sein. Füttern Sie daher vorbeugend bevorzugt Futter mit Konsistenzen, die nicht arg am Schnabel kleben bleiben. Besonders Hühnerrassen mit Bart (Ja, die gibt es! Thüringer Barthühner oder Lachshühner zum Beispiel) sollten nicht zu weiches Futter bekommen. In den Bartfedern hängen gebliebene Reste werden gern von den Hühnerkollegen weggepickt und können durch häufige Wiederholung dieses Verhaltens in Federpicken münden.

Neben dem Putzen mit dem Schnabel dienen Sand- und Sonnenbäder der Körperpflege. Was ein bisschen nach dreiwöchigem Strandurlaub klingt, sollte in der artgerechten Hühnerhaltung Alltag sein. Es handelt sich hierbei um zwei wichtige, eng miteinander verknüpfte Komfortverhaltensweisen, die Hühner gesund erhalten.

Sandbaden

Das Sandbaden folgt einem festen Ablauf: Die kräftigen Krallen und der Schnabel bearbeiten die zum „Baden" favorisierte Stelle am Boden so lange, bis sie staubfeine Erde fabriziert haben. Daher wird das Sandbaden auch Staubbaden genannt. Dann hocken sich die Hühner hinein und schaukeln etwas von links nach rechts – so entstehen die typischen Kuhlen, die noch deutlich sichtbar bleiben, wenn die Hühner längst im Stall sind (Stichwort „Löcherscharren", Seite 31). In der Kuhle sitzend, schleudern sie dann die feinen Sandpartikel mit Genuss ins Gefieder. Zum „Schaufeln" rudern sie lustig mit den Schenkeln, die Flügel helfen auch mit, und der Rumpf dreht sich etwas um die eigene Achse hin und her, damit der Sand auch wirklich zwischen alle Federn rieselt und bis zur Haut gelangt. Dann halten sie etwas inne, rudern und schaufeln wieder ... und so geht das eine Weile so weiter. Dabei strecken und verrenken sie ihre Gliedmaßen, legen sich auf die Seite oder gar auf den Rücken und bleiben in dieser Stellung minutenlang regungslos liegen. Das sieht so skurril aus, dass sie von Unkundigen nicht selten für tot gehalten werden. Mir hat mal jemand erzählt, wie Besucher eines Parks auf der italienischen Isola Bella völlig aufge-

Hier weiß man als Zuschauer nicht so recht, wo oben und unten ist; aber man weiß: Dem Huhn geht's richtig gut.

löst die Parkwächter herbeiriefen, um einen mutmaßlich elendig verendeten Pfau zu melden mit der Aufforderung, man solle das arme Tier doch bitteschön entfernen. Als sich die Parkangestellten näherten, sprang der Pfau auf, schüttelte sich ... und ja, ich glaube, er hat die Besucher auch ein ganz kleines bisschen ausgelacht.

Apropos Schütteln: Die Abschlussphase des Sandbadens bildet ein kräftiges Schütteln, dass der Staub nur so fliegt, gefolgt von einer Runde Putzen, Federn ordnen und wenn nötig Einfetten des Gefieders. Fertig für heute!

... und warum das Ganze?

Das trockene Milieu beim Sandbaden gefällt den Parasiten im Gefieder überhaupt nicht, außerdem werden sie durchs Schütteln mitsamt dem Sand aus den Federn geschleudert – Pech, ihr Milben und Läuse! Außerdem entledigt sich das Huhn auf diese Weise von überschüssigem Gefiederfett. Und auch wenn es wissenschaftlich nicht erwiesen ist, behaupte ich felsenfest: Es macht den Hühnern zudem Spaß und bereitet ihnen höchsten Genuss. Schauen Sie Ihren Hühnern einmal dabei zu – wer würde mir da widersprechen? Übrigens sind es nicht ausschließlich Hühner, die sandbaden, sondern auch andere Vögel, zum Beispiel Spatzen oder wie eben gehört Pfauen, selbst Küken probieren das schon.

Der Mensch denkt, das Huhn lenkt ...

Bietet man Hühnern ein menschengemachtes Sandbad an, beispielsweise eine unter Dach gestellte Kiste mit trockenem Sand, bereiten sie sich auch hier erst ihr „Bad“ persönlich vor und zerkrümeln pro forma ein paar Erdklumpen, bis alles passend erscheint. Dieser Vorlauf gehört einfach mit zum Ritual! Wenn Sie einen großen Auslauf mit sonnenverwöhnten, möglichst regengeschützten Plätzen haben, ist es nicht zwingend nötig, den Tieren ein extra Sandbad einzurichten. Viele Hühnerhalter versuchen jedoch auf diese Weise, den Ort des Geschehens zu bestimmen – aus ästhetischen Gründen oder damit die Hühner nicht aus Versehen die Wurzeln eines besonders schönen Busches freilegen. Außerdem haben sie so die Möglichkeit, parasitenabwehrende Zusatzstoffe wie kalte Holzasche oder Kieselgur zugeben zu können. Manchmal nehmen die Hühner das künstliche Sandbad an; manchmal machen sie doch, was sie wollen. Meist haben sie sowieso mehrere Badestellen in Benutzung – man nimmt an, dass dies mit dem unterschiedlichen Stand der Sonne zu tun hat: Dort, wo zur Badezeit die besten Bedingungen herrschen, wird das Bad eröffnet.

Sonnenbaden

Die ersten Frühlingssonnenstrahlen spitzen aus den Wolken hervor ... Und was machen die Hühner? Sie brezeln sich genüsslich ins Gras und sehen dann aus wie wintermüde Büroangestellte, die in ihrer Mittagspause die Parkbänke stürmen. Sie lechzen regelrecht nach Sonne.

Der Genuss ist diesem Hühnchen anzusehen: Ein bisschen Sonne unter dem Flügel tanken ...

… dann ist die Flügeloberseite dran. Ein Hühnerleben kann so schön sein.

Zum Sonnenbaden suchen sich die Hühner eine trockene, sonnige Stelle: im weichen Gras oder auf sonnenerwärmter Erde. Häufig bleiben sie einfach nach dem Sandbad an Ort und Stelle liegen und – jeder Wellness-Coach wäre stolz auf sie – ruhen nach. Sand- und Sonnenbaden gehen meistens fließend ineinander über oder die jeweiligen Phasen wechseln sich ab.

Die Mindestanforderung sozusagen, was die Körperhaltung beim Sonnenbaden betrifft, sind aufgefächerte Schwungfedern. Häufig sieht der Körper aber genauso „aus den Angeln gehoben" wie beim Sandbaden aus. Nur gestaltet sich das Sonnen sehr viel passiver: Die Hühner drehen sich gemächlich mal hierhin, mal dorthin und lassen möglichst jeden Winkel vom Körper von der Sonne bescheinen. Die trockene Wärme der Sonne hilft gegen Parasiten zwischen den Federn. Außerdem entspannen sie dabei genüsslichst und scheinen die Sonnenstrahlen in sich aufzusaugen. Sie beginnen, regelrecht weltvergessen zu dösen, die Nickhaut ist vor die Augen gezogen. (Wehe jedoch, es ertönt ein Warnschrei des Hahns oder ein anderes unvorhergesehenes Geräusch, dann sind alle sofort in Hab-acht-Stellung.)

Hühner haben dabei ein kluges Zeitmanagement: Zum Sonnenbaden nutzen sie, wenn möglich, die Mittagsstunden – dann scheint die Sonne am kräftigsten vom Himmel und andere wichtige Tätigkeiten – zum Beispiel das erste Putzen, das Körnerfrühstück, meist auch schon das Eierlegen – sind zu diesem Zeitpunkt vollbracht.

Am liebsten in der Gruppe

Hühner gehen dem Sand- und Sonnenbaden übrigens äußerst gern in der Gruppe nach. Auch das Putzen wirkt „ansteckend": Beginnt ein Huhn damit, machen die anderen bald mit. Interessant ist, dass während dieses Komfort-

Der Abschluss des Sandbads: Das Huhn schüttelt sich um die eigene Achse; der Staub fliegt nur so davon und mit ihm die Parasiten.

verhaltens die strenge Rangordnung manchmal aufgehoben scheint. Ich sage mit Absicht „scheint", denn jedes Huhn ist sich seiner Position in der Hierarchie zu jedem Zeitpunkt absolut bewusst. Aber während der Körperpflege sind sehr häufig alle enger beisammen als bei anderen Tätigkeiten. Anscheinend ist das Sonnen- und Sandbaden eine so grundfriedliche Angelegenheit, dass die Tiere hier nicht an Rang-Anmaßung und Gegenangriff denken. Aber es kommt auf die Stimmung an; manchmal halten rangniedere Hennen auch Abstand. Wann sich die Tiere für gebührenden Respekt und wann für den Kuschelkurs entscheiden, kann ich beim besten Willen nicht sagen. Aber wer weiß, Hühner sind ja sehr kommunikativ. Vielleicht wird auch einfach am Eingang zur „Sandbadewanne" höflich gefragt: „Ist da noch frei?"

Übrigens lässt sich beobachten, dass Hähne weitaus weniger exzessiv sand- und sonnenbaden als Hennen. Sie tun es zwar grundsätzlich auch, nehmen sich jedoch nicht so viel Zeit für die Körperpflege. Und das hat einen guten Grund: Ihr Beschützerinstinkt meldet sich und sie patrouillieren lieber, damit ihre Damen unter ihrem Schutz ungestört weiter relaxen können – wahre Gentlemen!

Körperpflege = Wohlbefinden

Für den Halter ist das Komfortverhalten ein wichtiger Indikator für die Gesundheit der Tiere. Gesunde Hühner putzen sich und baden ganz von alleine in Sand und Sonne – und erstrahlen nach abgeschlossener Prozedur in frischem Glanz (mal von Mauser-Zeiten abgesehen, Seite 92). Erscheint ein Huhn „struppig", ist es meist ein Alarmzeichen. Kranke Hühner reduzieren oder stoppen das Komfortverhalten. Man könnte sagen, sie vernachlässigen sich. Sonnen- und Sandbaden bergen ein gewisses Risiko. Trockene, vollsonnige Areale, die für das Bad optimal sind, gibt es nunmal eher auf freien oder nur locker mit Büschen bestandenen

Flächen – nicht im tiefsten Unterholz, das den größten Schutz vor Räubern versprechen würde. Hühner meiden an sich den Aufenthalt auf freiem Gelände, wo es nur geht. Außerdem gehören wie gesagt Körperverrenkungen und Eindösen zu einem formvollendeten Sand- und Sonnenbad. Das bedeutet ebenfalls ein größeres Risiko, verletzt oder getötet zu werden, als wenn es hellwach mit beiden Beinen auf dem Boden steht, den Schnabel abwehrbereit nach vorn gerichtet. Das kranke Huhn muss quasi abwägen, ob es fit genug ist, bei Gefahr schnell fliehen zu können. Im Falle einer Attacke von Greifvögeln oder Bodenfeinden wäre ein krankes Huhn das schwächste Glied der Herde und somit höchstwahrscheinlich Angriffspunkt Nummer eins – insofern entscheidet sich ein krankes Huhn häufig dafür, in der dichten Deckung zu bleiben.

Aber nicht nur Krankheiten stören das Komfortverhalten. In dieselbe Kategorie fällt auch Stress im weitesten Sinn: Platzmangel, Überbelegung im Stall und damit ständige Rangordnungskämpfe, unausgewogene Ernährung, Lärm … Wenn sich das Huhn nicht wohl und sicher fühlt, verzichtet es auf das Baden oder schränkt es ein. Und wird die Körperpflege dauerhaft nur eingeschränkt betrieben, droht Parasitenbefall, der das Huhn krank (oder noch kränker, als es ohnehin schon ist) macht, was wiederum dazu führt, dass es noch weniger staubbadet. Sie sehen: ein Teufelskreis. Und was schließen wir daraus? Ein Huhn mit struppigem, glanzlosem Gefieder sollten Sie immer genauer unter die Lupe nehmen. Macht es dazu noch einen matten, abgeschlagenen Eindruck: Ab zum Tierarzt!

… und danach ein Nickerchen

Häufig nach dem Staub- und Sonnenbaden schließt sich eine Runde Dösen an. Aber auch immer mal wieder zwischendurch dösen Hühner tagsüber. Sie schlafen dann selbstverständlich nicht so fest wie in der Nacht. Das wäre auch töricht angesichts drohender Fressfeinde oder der Möglichkeit, dass ihr Mensch mit frisch ausgestochenen Löwenzahnstauden um die Ecke kommen könnte – beides will so früh wie möglich bemerkt werden. Sondern – ja, ich glaube, ich kann das so behaupten – sie genießen die Sonne und das Leben!

Wenn Sie bemerken, dass ein Huhn tagsüber mehr als ein Nickerchen macht, zum Beispiel den Kopf seitlich ins Halsgefieder oder unter den Flügel steckt und richtig zu schlafen scheint, vielleicht sogar mitten im Auslauf, dann ist dieses Tier vermutlich aufgrund einer Krankheit geschwächt und sollte genau beobachtet und im Zweifel dem Tierarzt vorgestellt werden.

Hühner dösen am liebsten im Schutz von Bäumen oder Gebüsch.

Vom Gehen und Sehen: Hühner unterwegs

Hühner laufen den lieben langen Tag umher, immer mal unterbrochen von Putzen und anderem Komfortverhalten (ab Seite 35). Dabei können je nach Rasse, Temperament und Platzangebot auch mehrere Kilometer am Tag zusammenkommen. Dabei ist das langsame, aber zielstrebige Voranschreiten ihre liebste Gangart; nur bei Aufregung und (vermeintlicher) Gefahr schalten sie in den Flinke-Füße-Modus. Den größten Teil des Tages sieht man die Hüh-

Hühner können in der Nähe hervorragend sehen! Und das kommt ihrer unbändigen Neugier zugute.

ner im Auslauf mit gesenktem Kopf umherspazieren, die Augen auf den Boden gerichtet und mit den Füßen scharrend: Sie sind auf Futtersuche. Und zwar auch dann, wenn sie einen stets gut gefüllten Napf im Stall haben. Sie streifen dabei gemächlich durch ihr Reich und inspizieren alles genau. Ihrem guten Auge entgehen kein Würmchen und kein Käfer, die kleinste Spinne wird entdeckt.

Mit scharfen Augen

Die Nahsicht ist bei Hühnern hervorragend ausgebildet; Artgenossen und andere Objekte bis ungefähr fünf Meter Entfernung können sie sehr gut erkennen. Dinge im weiteren Umkreis sehen Hühner nicht mehr so scharf; in einer Distanz bis 50 Metern, so fand man heraus, erkennen sie noch das Grobe, ihren Stall zum Beispiel. Das ist auch ein Grund, warum die beneidenswerten Exemplare unter den Hühnern, die wie früher auf dem Dorfe ohne Zaun frei herumlaufen dürfen, sich meist nicht weiter vom Gehöft entfernen (und man so selten von verirrten Hühnern hört). Sie laufen nur so weit, wie sie ihr Zuhause noch im Blick haben, um bei unklaren Situationen oder wenn es dämmert, in den sicheren Stall finden zu können. Distanzen über etwa 50 Meter hinaus werden sehr schlecht wahrgenommen. Erklärbar wird das aus der Geschichte des Haushuhns heraus: Die Vorfahren lebten im Gebüsch, weite Distanzen waren hier sowieso nicht zu überblicken und somit die scharfe Sicht nicht notwendig.

Hühner können sehr gut Farben sehen und besser voneinander unterscheiden als der Mensch. Auch das hat mit dem Lebensraum der Vorfahren zu tun: Im Unterholz herrschen gedämpftes Licht und vor allem Grüntöne (aber auch andere Farben) in den verschiedensten Nuancen. Um sich in diesem Umfeld zu orientieren, ist gutes Farbensehen lebensnotwendig.

Warum Hühner mit dem Kopf wackeln

Wie bei vielen Beutetieren liegen die Augen der Hühner seitlich am Kopf. Allerlei Räuber trachten ihnen nach dem Leben: Füchse, Marder und Waschbären; in manchen Gegenden schlagen auch Greifvögel zu. Um diese möglichst frühzeitig zu erkennen, ist ein weites Gesichtsfeld von Vorteil (schon ohne den Kopf zu drehen, hat das Huhn eine beeindruckende 300-Grad-Sicht) – die seitliche Position der Augen ermöglicht das. Skurril ist, dass sie ausgerechnet aus diesem Grunde das meiste nicht mit beiden Augen gleichzeitig sehen können. Nur in einem kleinen „Tortenstück" des Sichtfelds – man geht von etwa 30 Grad direkt vor dem Gesicht aus – kann das Huhn wirklich räumlich sehen, nämlich dort, wo sich die Sichtfelder beider Augen überlappen. Ich sage mit Absicht „wirklich räumlich sehen", da auch andere Bereiche vom Huhn räumlich wahrgenommen werden. Jedoch ist dafür eine Art Zwischenschritt nötig: Vereinfacht gesagt schaut das Huhn den Gegenstand erst mit einem Auge an, dreht anschließend den Kopf und schaut es mit dem anderen Auge an. Das Gehirn setzt dann beide Einzelbilder zu einem räumlichen Gesamtbild zusammen. Diese Methode führt

Ich sehe da was ... Hühner schauen ganz genau hin – allerdings die meiste Zeit mit dem linken und rechten Auge getrennt.

im Alltag zu dem typischen Zickzackgang der Hühner. Denn während des Laufens möchte das Huhn ebenfalls dreidimensional sehen! Also was tut es? Es dreht den Kopf immer hin und her, was das eigentümliche Kopfwackeln hervorruft.

Warum Hühner mit dem Kopf nicken

Der Kopf wackelt nicht nur von links nach rechts, wer genau hinschaut, entdeckt auch ein eigentümliches Nicken mit dem Kopf während des Laufens. Würde man einem Huhn in Zeitlupe zusehen, fiele Folgendes auf: Das Tier streckt Hals samt Kopf nach vorn und fixiert mit den Augen einen Punkt. Der Kopf bleibt nun quasi an diesem Platz stehen, während das Huhn den restlichen Körper nachzieht. Kurz daraufhin schnellt der Kopf wieder nach vorn und das Spiel beginnt von vorn. Dieses Abwechseln von relativ langem Halten des Kopfes an einem Punkt und einem vergleichsweise schnellen Ruck nach vorn dient der Stabilisierung der Wahrnehmung. Würde das Huhn den Kopf langsam fließend mit dem Körper mitführen, müsste es in derselben Zeit viele Punkte mit den Augen fixieren, um sein Umfeld wahrzunehmen. Für die Verarbeitung dieser vielen, schnell wechselnden Bilder ist das Hühnergehirn aber nicht ausgelegt. Deshalb nickt das Huhn ständig beim Laufen mit dem Kopf vor und zurück. Genau genommen nickt es nur nach vorn! Weil der Körper dem

Kopf folgt und sich der Kopf somit – vom Körper aus betrachtet – mal vorn, mal hinten befindet, erweckt es nur den Eindruck des Vor- und Zurücknickens.

Wenn man ein Huhn einfangen will ...

Hühner sehen übrigens mehr Bilder pro Sekunde als der Mensch. (Daher bitte keine Leuchtstoffröhren im Stall verwenden, Hühner sehen darin permanentes Flackern!) Das ist auch der Grund, weshalb sie mit purer Schnelligkeit meist nicht zu fangen sind: Das Huhn sieht die Bewegung der Arme, und sei sie noch so blitzartig, kommen und flieht. Somit gelingt das Einfangen nur mit Schnelligkeit gepaart mit List oder – und das ist besser – weil die Tiere zahm sind.

Eine weitere unaufgeregte Methode ist das Greifen im Dunkeln. Denn Hühner sehen in der Dämmerung sehr schlecht, im Dunklen gar nichts und dies geht mit einer gewissen Lethargie einher. Wenn die Hühner auf ihrer Schlafstange sitzen, kann man sie relativ stressfrei „herunterpflücken" und untersuchen, beringen oder an einen anderen Ort bringen. Ein Huhn, das im Dunklen aufgehoben wird, ist immer ein bisschen verpennt. Diese Ruhe sollte der Besitzer aufrechthalten und selber nur ruhige Bewegungen im Stall machen, mit leiser, unaufgeregter Stimme sprechen und es möglichst halbdunkel lassen. So kann er agieren, ohne das Tier zu stressen.

Alle Vögel fliegen hooooch …

Hühner sind nicht die elegantesten Flieger. Es hält sie aber nicht davon ab, es dennoch zu tun – die einen mehr, die anderen weniger.

So plump sie auch aussehen mögen, jawohl, Hühner können fliegen. Und ja, Ausnahmen bestätigen wie immer die Regel: Einige wenige Rassen können auch wiederum nicht fliegen; das Seidenhuhn beispielsweise ist aufgrund seiner außergewöhnlichen Federstruktur dazu nicht in der Lage. Aber bleiben wir beim Gros der Hühner: Sie können fliegen – manche Rassen besser, manche schlechter. Wie gut, liegt vor allem an ihrem Gewicht: Einer dreieinhalb Kilo schweren Deutschen Wyandotte fällt das Abheben natürlich nicht so leicht wie einem ein Pfund schweren Sebright. Aber auch das Temperament – ebenfalls rassebedingt, aber auch individuell verschieden – spielt eine Rolle. Aufgeregte, schreckhafte Hühner erheben sich schneller mal in die Luft als ruhige Stoiker. Generell sind aber alle Hühner (bis auf die genannten Ausnahmen) von der Natur zum Fliegen ausgestattet: Sie besitzen Schwungfedern und entsprechende Muskeln zum Betreiben derselben, Röhrenknochen und Lungen mit sogenannten Luftsäcken. Die hohlen Knochen und Luftsäcke sorgen für ein verhältnismäßig geringes Gewicht der Tiere. Auch wenn sie diese körperlichen Merkmale mit Amsel und Adler teilen, werden Hühner niemals wendige Flieger werden, langstreckentauglich sind sie schon gar nicht. Das liegt aber auch nicht in ihren Genen. Das Bankivahuhn, der Ahn unseres Haushuhns und im Vergleich zu den meisten heutigen Rassen eher leichterer Natur, kann zwar mehrere Meter hoch in seinen Schlafbaum auffliegen, weite Strecken schafft es nicht. Denn zu diesen Manövern sind andere Proportionen hinsichtlich Flügelspannweite, Körpergewicht und Körperbau nötig. Auch Eleganz im Flug kann man von einem Huhn nicht erwarten.

Mehr springen als fliegen

Die Brahma-Henne erhebt ihre vier Kilo verständlicherweise nicht so gern in die Lüfte. Wenn's schnell gehen muss, veranstaltet sie lieber ein Zwischending aus rennen und fliegen.

Kurze Distanzen, zum Beispiel hinauf auf die Schlafstange im Stall, überwindet das Huhn übrigens meist eher springend denn fliegend. Hühner haben eine enorme Sprungkraft; ich mag mir gar nicht ausrechnen, auf welches Haus ich aus dem Stand hüpfen können müsste, würde man die Sprungkraft des Huhns, auf die Körpergröße bezogen, auf den Menschen übertragen. Auch der entgegengesetzte Weg, runter von der Schlafstange, wird nicht selten mehr runterspringend als fliegend gemeistert. Bei schweren Hühnerrassen hat auch das wenig schmeichelhafte Wort „runterplumpsen" seine Berechtigung. Wer sich nun Sorgen um die Gesundheit seines Federviehs macht, dem sei gesagt, dass die Tiere zwar im Vergleich zum Rumpf recht zierliche Läufe haben, diese aber sehr kräftig sind. Wenn der Stall obendrein noch schön ausgestreut ist, wie es schon zum Trockenhalten und als Wärmeisolierung angeraten ist, braucht keine Verstauchungen zu befürchten.

Häufig beobachtet man bei der Fortbewegung der Hühner übrigens ein Zwischending aus Fliegen und Rennen; das sieht sehr lustig aus. Die Hühner rennen zum Beispiel herbei, wenn ich mich am Tor des Auslaufs blicken lasse. Sie haben gelernt, dass ich häufig frisch gejätete Vogelmiere dabei habe und reagieren entsprechend euphorisch auf mein Auftauchen. (Es heißt ja immer, ein Hund würde sich über die Maßen freuen, wenn der Besitzer nach Hause kommt, aber ich muss sagen, die Freude der Hühner streichelt ebenfalls des Halters Seele.) Die Hühnchen rennen dann so schnell sie können, die Hühnerkeulen scheinen außen am Körper wie kleine Propeller zu rotieren, sie breiten die Flügel dabei aus und heben wenige Zentimeter vom Boden ab. Das sieht nicht richtig wie fliegen aus, sondern mehr wie der Gleitflug eines Flughörnchens (elegant ist anders). Aber mit dieser Technik gelangen sie rasch an ihr Ziel. Es scheint, dass dieses „Trudeln" dann zum Einsatz kommt, wenn den Hühnern Rennen zu langsam geht, richtiges (kräftezehrendes) Fliegen aber noch nicht infrage kommt. Diese Art der freudig-aufgeregten Fortbewegung kann ich regelmäßig auch in den Morgenstunden beobachten, wenn ich den Hühnerausschlupf öffne. Dann können sie es kaum erwarten nach draußen zu kommen und „segeln" über die Hühnerleiter hinweg die ersten Meter in den Freilauf.

Ausbrecherköniginnen: Manche Hühner nutzen jede Möglichkeit, den Abflug zu machen.

Meisterflieger und wie man ihnen Einhalt gebietet

Auch wenn alle Hühner sehr viel mehr laufen als fliegen, sind einige Rassen erstaunlich gute Flieger. Abgesehen vom Gewicht und Temperament, ist es natürlich auch immer abhängig von der Motivation. Müssen sich die Hühner im Extremfall vor Feinden in Sicherheit bringen (bzw. glauben sie, sich retten zu müssen – manche Rassen sind sehr schreckhaft und wähnen oft Gefahr, wo keine ist), ist die Motivation zu fliegen besonders hoch. Aber auch Langeweile und Appetit ermuntern Hühner zum Fliegen. Dann mit Vorliebe über den Zaun. Je strukturärmer der Auslauf, je weniger Potenzial er zur selbstständigen Futtersuche bietet, desto eher sehen sich die Hühner nach Alternativen getreu dem Motto „Das Gras ist immer grüner auf der anderen Seite des Zaunes" um.

Das Beschneiden der Handschwingen, also der Federn an einem Flügel, wie es früher auf Bauernhöfen gang und gäbe war, sollte nur die absolute Ausnahme bei sehr ausbruchsfreudigen Kandidaten sein. Auch wenn das (richtig ausgeführte) Flügelstutzen nicht wehtut und man als Halter auch nicht den Eindruck hat, dass Hühner fliegen können müssen, um glücklich zu sein, sollte man meiner Meinung nach das Tier wenn es irgend geht so belassen, wie es ist – und stattdessen andere Stellschrauben drehen.

Wenn Ihnen regelmäßig mehrere Hühner abhauen, sollten Sie sich dringend über die Gründe Gedanken machen! Ist mein Auslauf zu klein oder nicht interessant genug? Gibt es Störquellen, patroulliert beispielsweise Nachbars Hund am Auslauf entlang, sodass die Hühner regelmäßig in Stress geraten? Ist der Zaun zu niedrig für die Rasse und die Hühner nehmen die Barriere nicht für voll? Oder gibt es „Fehler" in der Struktur? Ich hatte beispielsweise einmal ein paar Zweige, die vom Ausasten der Bäume im Auslauf übrig waren, aufgestapelt. Eigentlich wollte ich sie gleich wegräumen, habe sie dann aber vergessen. Die Hühner entdeckten also nach ein paar Tagen, dass man diesen Haufen wie eine Leiter erklimmen und von dort aus über den (niedrigen) Zaun hüpfen kann. Problem erkannt, Zweige weggeräumt, Hühner an Ort und Stelle geblieben! Die Tiere zeigen einem sehr leicht die Schwachstellen des Auslaufs. Weil Hühner so neugierig und gute Beobachter sind (und den ganzen Tag Zeit haben), finden sie jedes Schlupfloch. Gott sei Dank lässt sich das meiste leicht beheben.

Im Stall ...

Hühner ziehen sich von allein in den schützenden Stall zurück, sobald es dämmert. Warum? Weil sie im Dunkeln schlecht sehen! Blieben sie draußen, hätten sie einen Riesennachteil gegenüber ihren Fressfeinden Fuchs und Marder, die hervorragend bei Nacht sehen. Und damit sie in dieser lebensgefährlichen Phase bereits im sicheren Stall auf ihrer Schlafstange hocken, müssen sie sich zeitig auf den Weg machen.

Und um wie viel Uhr soll sich nun jemand den Pyjama anziehen, der „mit den Hühnern schlafen gehen“ will? Tut mir leid, das kann ich so pauschal nicht sagen. Denn natürlich treten sie ihren abendlichen Heimweg nicht nach der Uhrzeit an. Sondern wie so oft im Hühnerleben ist es das Licht, das ihren Rhythmus vorgibt: Im Winter gehen sie früher zu Bett und schlafen länger, im Sommer ist die Hühnernacht kürzer. Und wer noch einen Beweis braucht, dass es tatsächlich das Licht ist, das dies steuert: Bei der Sonnenfinsternis 1999 hat mein Kollege Wilhelm Bauer mal ganz genau hingeschaut: Als es also am Tage dämmerte, gingen alle Hühner wie selbstverständlich in den Stall!

Abendrituale

Dass Hühner überhaupt in den Stall gehen, ist ein Domestizierungsmerkmal. Sie haben gelernt, dass dort ihre „Homebase“ ist: ihr sicherer Hafen, quasi ihr überdachter, windgeschützter Luxus-Schlafbaum mit vier festen Wänden drum herum. Die wilden Vorfahren ziehen sich im gleichen Rhythmus des Lichts auf

Tschühüüüß ... Hühner gehen von allein in ihren vertrauten Stall.

einen Baum im Wald – ihren sogenannten Schlafbaum – zurück und sind leise, um sich bestmöglich vor Feinden versteckt zu halten. (Der Schlafbaum der Vorfahren hat übrigens in der Fachsprache seine Spuren hinterlassen: Wenn Haushühner auf ihre Sitzstange fliegen, sagt der Fachmann „Sie baumen auf".)

Vor dem Zubettgehen trinken die Tiere im Stall noch einmal ausgiebig und picken gern ein paar Körner, die ihnen der aufmerksame Besitzer zuvor in die Einstreu gestreut hat – mit vollem Kropf schläft es sich nochmal so schön! Dann werden die Federn geordnet: Manchmal noch auf dem Boden, manchmal schon auf der Stange, da sind die Hühner flexibel. Ansonsten sind Hühner Routinefans. Wenn ich abends etwas später in den Stall gehe, um die Gute-Nacht-Körner zu verstreuen und den Ausschlupf zu schließen, und die Hühner sind bereits auf der Stange, kommen sie noch einmal herunter, sobald sie mich im Vorraum hören. Sie erwarten ihre Körner! Wenn ich jedoch schon vorab Körner verteilt habe und ein zweites Mal zum Ausschlupfschließen komme, bleiben sie auf der Stange sitzen, so als wüssten sie, dass sie ihre Abendration schon bekommen haben. Aber ich gebe zu: Neben dem „Wissen", ob die Körnergabe schon stattgefunden hat oder nicht, spielt der Appetit eine sehr große Rolle: Voller Kropf plus gemütlicher Schlafplatz bewirken eine sehr viel geringere Motivation, die Stange noch einmal zu verlassen, als Hunger, Hunger, Hungerrrrrr!

Aus einem Haus wird ein Heim

Ich behaupte einfach mal, Hühner lieben ihren (an ihre Bedürfnisse angepassten) Stall! Hier gibt es Futter und Wasser, ein gemütliches, trockenes und geschütztes Nest zum Eierlegen, die sichere Schlafstange ohne Zugluft ... Kein Wunder, dass die Hühner am Abend und immer wieder mal am Tage liebend gern „nach Hause" gehen. Falls Ihre Hühner eines Tages einmal zögern oder sich gar ganz weigern sollten, in ihren sonst heiß geliebten Stall zu gehen, ist etwas nicht in Ordnung. Schauen Sie zuerst, ob Fremdkörper den Eingang versperren oder sich andere Tiere in den Stall verirrt haben – manchmal finden Ratten oder Spatzen den Weg durch den Windfang und irritieren die Hühner. Oft sind es auch Parasiten, vor allem die Rote Vogelmilbe, die die Hühner gerade in feuchten Sommern malträtieren und ihnen ihren schönen Stall vergällen.

Dass sie ihren Stall allerdings als Zuhause anerkennen und überhaupt das Gebäude mit seinem Einschlupf wiedererkennen, braucht Zeit zur Gewöhnung. Wenn Sie sich neue Hühner anschaffen, sollten Sie die Tiere unbedingt einige Tage im Stall lassen; so lernen sie seine Vorzüge (Futter, Wasser und Schutz) kennen und bauen eine Bindung zu diesem Ort auf. Wenn Sie dann den Ausschlupf öffnen, seien Sie bitte nicht ungeduldig! Überlassen Sie es den Tieren, wann sie einen Schritt nach draußen wagen. Unter meinen ersten fünf Hennen gab es eine, die erst zwei Tage nach den anderen dem Ruf der Freiheit folgte. Dadurch, dass sie ihrem eigenen Rhythmus folgen konnten, hatte aber auch niemand von ihnen Probleme, den Rückweg zu finden. Im Gegensatz dazu hatte mein Opa seinerzeit Neuankömmlinge schon am ersten Tag aus dem Stall gejagt. Er tat dies zwar in bester Absicht („Die brauchen doch frische Luft!“), musste am Abend aber unter Büschen und Bäumen rumkraxeln und die Hühner einfangen, weil sie den Weg in den Stall nicht fanden. Stress für die Hühner, Stress für den Opa!

Wie die Hühner auf der Stange ...

... so bezeichnet man im Allgemeinen Leute, die brav nebeneinander aufgereiht sitzen. Und genau so sieht es abends im Stall aus: Henne an Henne, je nach Wetter und Sympathie weiter auseinander oder näher zusammengerückt.

Sozialer Brennpunkt Sitzstange

Manche Hühnerhalter und -buchautoren berichten über eine nach der Rangfolge aufgebauten Sitzordnung, besonders wenn es zwei Sitzstangen auf unterschiedlicher Höhe im Stall gibt. Da ich vor der Anschaffung der Hühner darüber gelesen hatte, wollte ich Rangordnungsstreitigkeiten nicht noch forcieren, indem ich wie im Theater „gute“ und „billige“ Plätze schaffe. (Die ranghöheren

Gibt's hier gleich Zoff? Die linke Henne wartet, was die rechte macht und ob sie ihr ihren Sitzplatz streitig machen will.

Auch draußen sitzen Hühner gern erhöht und halten Ausschau. Es wird nicht lang dauern, bis sich ein zweites Huhn hinzugesellt.

Hühner würden natürlich in den oberen Rängen sitzen! Wer zwei Stangen anbringen muss, sollte sie besser hintereinander und nicht übereinander platzieren.) Außerdem sind zwei übereinander gestapelte Hühnerreihen bei mir sowieso nicht notwendig, da ich nur eine Handvoll Tiere halte. Ich habe also nur eine lange Stange über die gesamte Breite des Stalls eingebaut, von Wand zu Wand, ungefähr zwei Meter lang. Und ich muss sagen, dass ich ein Sortieren der Hühner nach Rangfolge überhaupt nicht beobachten kann. Allerdings halte ich wie gesagt wenige Tiere auf relativ großem Raum – das hat mich schon oft zur Überzeugung gebracht, dass die Hühner nicht immer auf ihre Vormachtstellung pochen, sondern Rangniederen viel durchgehen lassen. Befreundete Halter kleiner Hühnergruppen haben ähnliche Beobachtungen gemacht. Ich möchte jedoch nicht ausschließen, dass bei der Hühnerhaltung am oberen Limit der empfohlenen Besatzdichte ein strengeres Regime herrscht, um am sozialen Brennpunkt „Schlafstange" keinen Aufruhr entstehen zu lassen. Ein Aufbaumen nach Rangordnung wäre in diesem Fall logisch. Meine Hennen jedoch sitzen wie gesagt jeden Abend in einer anderen Reihenfolge auf der Sitzstange. Lediglich als ich zwei neue Hennen in meine Miniherde integriert hatte, konnte ich ungefähr drei Wochen lang eine Grüppchenbildung nach „alter Besetzung" und „Neulinge" erkennen. Nach und nach haben sich die Mitglieder der beiden Gruppen aber vermischt, sodass ich heute bei der Position des Schlafplatzes fast von Zufall sprechen möchte. Aber eben nur fast. Wenn ich mir abends die Zeit nehme und das Schauspiel des Aufbaumens erlebe (wie gesagt, so bezeichnet der Hühnerfachmann das Sichzurruhesetzen auf der Sitzstange), wird schnell klar: Es gibt Abstufungen in der Beliebtheit der Sitzplätze! Am begehrtesten sind die Plätze direkt an der Wand, auch wenn das bedeutet, dass sich ein Hühnchen zwischen Wand und Nachbarhenne ziemlich dünne machen muss (Schön zu sehen auf dem Foto auf Seite 35 – zwei Hühner sitzen bereits auf der Schlafstange, zwei folgen noch ...). Wo unsereins denkt „iiihh, kaltes Mauerwerk, die gesamte Flanke entlang", bedeutet das für das Huhn sinngemäß: „Von dieser Seite kann der Fuchs schon mal nicht angreifen!" Dieses Verhalten macht das Grundbedürfnis nach Schutz vor Feinden deutlich. Aus diesem Grund sitzt das Federvieh auch überwiegend mit dem Rücken zur Wand und dem Blick in den Raum. Wenn einzelne Hühner mal andersrum sitzen und die Wand anstarren, ist eher eine Verkettung ungünstiger Umstände schuld: Huhn läuft die Stange entlang bis zu den anderen Hühnern, dreht sich aus Versehen zur Wand, das nächste Huhn rückt auf, Pech gehabt: kein Platz mehr zum Drehen. Und nochmal runterhopsen und den schön geschützten Platz zwischen zwei Hennen aufgeben? Ach nö, lass ma'!

Am beliebtesten ist also der Platz an der Wand. Am zweitbeliebtesten ist ein Sitzplatz zwischen zwei Hennen; am wenigsten beliebt ist der Platz am Ende der Hühnerreihe mit einer quasi ungeschützten Körperseite. Was macht also das Huhn, das als Letztes auf die Stange kommt und sich ans unbeliebte Ende reihen muss? Genau, es nervt rum! Es drängelt und schiebt und hofft, dass das Nachbarhuhn seinen Platz freigibt. Man kann gut beobachten, wie sich das bedrängte Huhn schwer wie ein Sack macht und den Körper gegenstemmt – und zwar auch, wenn das drängelnde Huhn ranghöher als das bedrängte ist, so meine Beobachtungen. Neben dem Schieben steckt es manchmal auch den Kopf unter den Flügel des Nachbarhuhns. Hier ist nicht so klar, ob es einfach eine andere Angriffsfläche zum Drängeln ausprobiert oder ob es Überbleibsel aus der Kükenzeit sind, wo die Küken in Erwartung von Wärme und Schutz unter die Flügel der Glucke huschen. Den wahren Beweggrund kennen wahrscheinlich nur die Hühner allein; aber es sieht goldig aus.

Wenn die Taktik von Schieben und Drängeln nicht fruchtet (und in meinem Hühnerstall mit kräftemäßig ähnlich ausgestatteten Hennen fruchtet sie selten), versucht das Huhn mit anderen Methoden ein Upgrade seines Sitzplatzes zu erreichen. Zum einen ist Picken in die Füße der Kollegin ein probates Mittel. Zum anderen werden weitere Sitzplatzalternativen in Augenschein genommen: Das Huhn hüpft also auf das Kotbrett und steckt den Kopf zwischen zwei sitzende Hennen und drängelt hier. Auch in diesem Fall: Gegenwehr auf beiden Seiten. Manchmal schlägt es gar mit den Flügeln, um sich mit mehr Druck zwischen die aufgeplusterten Hühner zu bugsieren. Wo sich eine kleine Lücke auftut, wird versucht Platz zu schaffen – lustigerweise verirrt sich das Huhn dabei manchmal und steckt den Kopf zwischen die Beine eines stehenden Huhns.

Trotz aller Bemühungen: häufig Fehlanzeige! Zumindest bei einer Herde mit Tieren ähnlicher Größe und Kraft. Leben Rassen mit sehr unterschiedlicher Statur zusammen, ist klar, wer auf den ungeschützten Randplätzen landet.

Interessanterweise kosten die Tiere eine luxuriös lange Sitzstange nicht aus. Der Mensch prophezeit aus seiner Sicht der Dinge gern vorschnell, dass sich die Tiere nach Herzenslust ausbreiten werden, wenn sie die Möglichkeit dazu haben. Aber nein, je nach Umgebungstemperatur finden sich die Tiere mehr oder weniger nah nebeneinander ein – auch hier spielt wieder der Schutz innerhalb der Gruppe die wichtige Rolle. Im Hochsommer spreizen sie zur Kühlung die Flügel ab und reihen sich mit etwas Abstand zueinander auf. Im Winter suchen sie Körperkontakt, um die Wärme bestmöglich zu halten; der romantisch veranlagte Betrachter kommt dabei um die Assoziation „Kuscheln" nicht herum.

Das Aufbaumen liegt in ihren Genen

Ich werde oft von Nicht-Hühnerhaltern gefragt, ob Hühner auf der Stange schlafen *müssen*. Nun, sie *müssen* nicht; sie *wollen* es! Wieder liegen die Gründe in ihrem Schutzbedürfnis und in ihrem Erbe: Oben in der Baumkrone waren die Wildhühner einfach sicherer vor Feinden als auf dem Boden. Und da die allermeisten unserer Haushühner jeden Abend ganz freiwillig hinauffliegen, obwohl sie viele Quadratmeter weich ausgestreute Bodenfläche ebenfalls zur Verfügung hätten, zeigt, dass es ihnen ein echtes Bedürfnis ist. Uns Menschen kommt dieses Verhalten entgegen: Ein unter der Stange befestigtes Brett fängt den in der Nacht reichlich ausgeschiedenen Kot auf und kann am nächsten Morgen mit

Diese beiden Hennen sitzen gemütlich einträchtig nebeneinander. Das Niederlassen auf erhöhten Stangen entspricht dem Aufbaumen ihrer Vorfahren.

einem schnellen Handgriff entsorgt werden; das Huhn bleibt auf der sauberen Stange sitzen. Schläft ein Huhn dagegen in der Einstreu auf dem Boden oder gar im Legenest kotet es ebenfalls reichlich – und bleibt dann mit den zu erwartenden Begleiterscheinungen mit Popo und Bauch darin sitzen. Das Schlafen auf der Stange birgt also nur Vorteile.

Junghühner an die Sitzstange gewöhnen

Manchmal ist übrigens etwas Starthilfe nötig für Junghühner, die noch nie eine Schlafstange gesehen und keine älteren Hühner mit im Stall haben, bei denen sie sich das Aufbaumen abschauen könnten. Wenn Sie diese Tiere ein, zwei Abende lang in der Dämmerung auf die Stange setzen, erkennen sie sehr schnell Sinn und Zweck dieser Installation. Es ist interessant: Wenn man bei Dunkelheit ein Huhn sanft ergreift, rechnet man mit Aufruhr unter den verbleibenden Hühnern, die natürlich bemerken, dass die Nachbarhenne, ein Laut der Überraschung von sich gebend, plötzlich verschwindet. Aber es bleibt in der Regel ruhig. Die Tiere können im Dunklen nichts sehen und bleiben träge. So können sie ein Huhn nach dem anderen aufheben und auf die Stange tragen.

Erwähnen möchte ich der Vollständigkeit halber, dass es einige wenige Hühnerrassen gibt, die mehrheitlich lieber auf dem Boden schlafen, allen voran die Seidenhühner. Aufgrund ihrer besonderen Federstruktur können sie nicht fliegen; so liegt es nahe, dass sie sich am Boden wohler fühlen. Auch wenn Sie eine zur Stange hinführende Hühnerleiter montiert haben, wundern Sie sich nicht, wenn diese Tiere dennoch in der Einstreu schlummern. Lassen Sie sie!

Von oben hat der Hahn Überblick über seine gesamte Herde.

Die „richtige" Sitzstange

Lassen Sie mich zum Schluss noch ein paar Überlegungen zur Sitzstange loswerden. In den allermeisten Hühnerbüchern werden Sie die Empfehlung lesen, eine im Querschnitt rechteckige Holzstange zu nehmen, deren Kanten etwas abgerundet sind. Wenn man aber den Schlafbaum der Hühner-Vorfahren vor dem geistigen Auge erscheinen lässt, könnte man sich fragen: Ist ein Ast vielleicht die artgerechtere Alternative? Die Antwort ist: Jein! Der *richtige* Ast ergibt eine prima Sitzstange; der falsche Ast verursacht Schmerzen. Als Mindestanforderung muss der Ast natürlich das Gewicht aller Tiere tragen können – je nach Rasse sind das von 500 Gramm bis zu sechs Kilo pro Huhn! Und damit Hühner über Stunden bequem sitzen können, brauchen sie eine gewisse Auflagefläche. Bei dünnen runden Ästen würden die Tiere durch ihr Körpergewicht immer wieder nach vorne gleiten und müssten ihren Sitz ständig korrigieren – unbequem. Dicke Äste haben, wenn Sie genau hinschauen, häufig keinen runden, sondern einen ovalen Querschnitt – das würde passen. Ein zu breiter Ast jedoch, auf dem das Huhn mit mehr oder weniger geraden Füßen aufsitzen müsste, wäre genauso ungeeignet. Denn Hühner vollziehen mit ihren Zehen eine Art „Klammergriff" während des Schlafens. Dies ist eine Fixierung, die sich automatisch einstellt, wenn das Huhn beim Hinsetzen die Beine abknickt. Einmal „eingerastet", braucht dieses Klammern keine weitere Anstrengung; erst am nächsten Morgen muss es das Huhn aktiv lösen. Sie sehen, Ast ist nicht gleich Ast. Der Hühner-Ahn konnte sich in seiner waldreichen Umgebung den perfekten heraussuchen: nicht zu rund, nicht zu klein, nicht zu dick, nicht zu schwach ...

Wenn nun uns Menschen die Auswahl des Astes obliegt: Wie hoch ist die Chance, dass es genau der richtige ist? Und wie groß ist das Risiko, dass es ein unpassender ist und die Hühner Schwielen an den Füßen bekommen? Sie sehen, worauf ich hinaus will. Solange Sie Ihren Hühnern keinen halben Wald mit Dutzenden Ästen zur Auswahl anbieten können, sind sie mit der gehobelten Dachlatte mit gefasten Kanten auf der sicheren Seite. Und noch ein Argument spricht gegen den natürlichen Schlafplatz: Die Rinde bietet mit ihrer gefurchten Oberfläche perfekte Versteckmöglichkeiten für Parasiten, zum Beispiel für die Rote Vogelmilbe. Die Ahnen konnten sich bei Parasitenbefall einfach einen neuen Schlafplatz suchen, Ihre Haushühner haben nur den einen.

Gute Nacht

Haben alle Tiere ihre Position auf der Schlafstange gefunden, sind alle Federn geordnet, kehrt Ruhe ein. Es ist erstaunlich mucksmäuschenstill. Nur, wenn sie ein Geräusch vernehmen, säuseln sie ganz leise, um den Kolleginnen im Schlafsaal mitzuteilen, dass sie etwas oder jemanden hören. Alsbald kehrt wieder absolute Stille ein.

Wenn Sie sich bei Dunkelheit regungs- und vor allem geräuschlos neben oder in den Stall stellen (die Hühner bemerken Sie dann nicht), ist das sehr schön mitzuerleben. Und nebenbei gesagt ist dies auch ein guter Moment zur Gesundheitskontrolle: Wenn Sie ein Tier röcheln, schnarchen oder sonstwie schwer atmen hören, könnte eine Infektion der Atemwege schuld sein. Hühner sind anfällig für Atemwegserkrankungen; halten Sie dann am besten Rücksprache mit Ihrem Tierarzt. Gesunde Hühner machen während des Schlafens keine Geräusche!

Wie Hühner schlafen

Hühner schlafen erstaunlich fest. Sie haben die Augen quasi doppelt geschlossen: Erst ist die sogenannte Nickhaut, ein Schutzhäutchen, übers Auge gezogen, darüber das Augenlid. Übrigens ist das Kopf-unter-den-Flügel-stecken, wie es rührende Cartoons von Vögeln oft darstellen oder es zum Beispiel das Wassergeflügel mitunter tatsächlich macht, nicht typisch für Hühner. (Zeigen sie dieses Verhalten, stimmt fast immer etwas nicht – also Obacht!) Je nach Temperament der Rasse schläft ein Huhn auch dann weiter, wenn der Besitzer den Stall betritt. Vorausgesetzt natürlich, das Tier (er-)kennt ihn oder sie und hat vollstes Vertrauen – und es ist Nacht! Dämmert es bereits, wird das Huhn in froher Erwartung eines Frühstücks aktiv werden; an Weiterschlafen ist dann nicht mehr zu denken.

Bei Wind und Wetter

Hühner werden fast auf der ganzen Welt gehalten. Einer der Gründe ist, dass sie mit unterschiedlichen Klimaten zurechtkommen. Sie sind wenig empfindlich, was das Wetter angeht und suchen bei allen Temperaturen den Weg ins Freie – auch im Winter.

Hühner im Winter

Kälte macht Hühnern überhaupt nichts aus. Ihre eigene „Daunendecke" haben sie ja bei Bedarf immer dabei. Wenn sie sich dazu noch aufplustern, baut sich unter ihrem Gefieder ein Luftpolster auf. Luft ist ein schlechter Wärmeleiter und so leitet die Luft im Gefieder die Körperwärme schlecht nach außen ab, sprich es bleibt schön warm am Körper. Einzige Schwachstellen sind die federlosen Bereiche, vor allem Kamm und Kehllappen. In eisig kalten Wintern drohen aber nur dann Erfrierungen, wenn eine schlechte Lüftung im Stall herrscht und sich Nässe niederschlagen kann. Trockene Kälte macht Hühnern nichts aus. Beste Vorbeugung ist also ein trockener, vor Zugluft geschützter Stall; eine Heizung brauchen die Tiere nicht. Achten Sie aber darauf, dass das Trinkwasser nicht gefriert. Ist der Schnabel auch noch so hart, als Eisbrecher hat er sich nicht bewährt. Was man allerdings manchmal beobachten kann, ist das Picken nach gefrorenen Wassertropfen oder Schnee. Hier kommt wieder das Interesse fürs Glitzern zum Tragen (Seite 27); als Ersatz für eine eingefrorene Tränke kann das nicht gelten.

Alle Hühner fahren über den Winter ihre Eierproduktion herunter, viele hören sogar ganz auf zu legen. Die, die weiterhin legen (aber definitiv weniger Eier als im Frühling!), werden als „gute Winterleger" bezeichnet – Rassen wie Deutsche Wyandotten und Rhodeländer gehören dazu. Aber warum wollen dann nicht alle Hühnerhalter ausschließlich gute Winterleger haben und andere Rassen haben das Nachsehen? Früher sagte man „ein Winter-Ei frisst zwei Sommer-Eier", das heißt für die Produktion eines Eis in der unwirtlichen Jahreszeit verbraucht das Huhn viel mehr Energie als für ein Ei im Frühling oder Sommer. Im Allgemeinen liegen gute Winterleger dann im Sommer mit ihrer Eierproduktion hinter denen, die über Winter pausiert haben. Somit haben alle Hühnerrassen ihre Berechtigung und ihre Vorzüge. Was man noch bedenken muss: Hühner, die im Winter legen, fressen mehr als im Sommer. Denn sie müssen Eier produzieren, haben wegen der Kälte einen höheren Energieumsatz und eigenschnäblig gesuchtes Zusatzfutter aus dem Auslauf ist ebenfalls Mangelware: Draußen tummeln sich nicht so viele Insekten wie zu anderen Jahreszeiten, das Gras wächst auch so gut wie nicht. Das muss der Hühnerhalter berücksichtigen und dementsprechend mehr füttern, gern auch etwas energiereicher. Zu einer extra Handvoll Sonnenblumenkerne im Winter sagt kein Huhn nein.

Dass Hühner zum Spätherbst mit dem Legen nachlassen, liegt an der kürzer werdenden Tageslänge. Hühner orientieren sich am Licht, oder korrekter gesagt, die Hormonproduktion reagiert auf die Tageslichtlänge. Kürzere Tage charakterisieren den Winter. Und eine Zeit der Regeneration sei den Hennen auch absolut gegönnt!

Hühner im Sommer

Wenn Hühner die Wahl hätten, würden sie die Winterkälte der Sommerglut vorziehen. Bei großer Hitze sind sie in zweierlei Dingen den Menschen unterlegen: Sie haben keine Schweißdrüsen auf der Haut und sie können ihre Daunenjacke nicht gegen einen Bikini tauschen! Wenn man im Sommer ein Huhn hochhebt, hat man zwar manchmal den Eindruck, es sei feucht. Es ist aber nicht nass geschwitzt – Hühner sind nicht in der Lage, über die Haut zu schwitzen! Im Luftpolster zwischen Haut und Federn bildet sich manchmal etwas Feuchtigkeit, eine Art Kondenswasser, das per Verdunstungskühle ein wenig Erfrischung bringt; das darf aber nicht mit richtigem Schwitzen verwechselt werden. In geringem Maße tragen der Kamm und die Kehllappen zur Kühlung bei; sie geben etwas Hitze ab. Ansonsten ergreift das Huhn folgende Maßnahmen: mit aufgesperrtem Schnabel hecheln (zum Schwitzen), unter

Hühner müssen im Sommer viel trinken! Das Wasser sollte im Schatten aufgestellt werden und nicht zu warm sein. Hühner mögen kein warmes Wasser.

Der Auslauf muss unbedingt Schattenplätze haben, am schönsten und natürlichsten unter Büschen.

Büschen und anderen als Sonnenschutz geeigneten Vorrichtungen dösen (zum Energiesparen), die Flügel vom Körper abspreizen (zum Lüften) und viel trinken. Ansonsten sind die Hühner an solchen Tagen – wie viele andere Tiere (und Menschen) träge. Auch das Eierlegen lässt nach. Aber solange sie frisches Wasser haben und sich nach Gutdünken an ein Schattenplätzchen zurückziehen können, ist alles im grünen Bereich und wir brauchen uns um sie keine Sorgen zu machen.

Achten sollten Sie allerdings verstärkt auf das Wasser und das Futter. Warmes Wasser mögen Hühner nicht und wenn die Tränke von der Sonne gewärmt wird, kann es sein, dass sie das lebensnotwendige Nass verschmähen. Da müssen Sie ein Auge darauf bzw. ab und zu einen Finger darin haben, um die Temperatur zu prüfen und gegebenenfalls Wasser auszutauschen. Feuchte Futterreste verderben bei heißem Wetter schneller als bei gemäßigten Temperaturen. Wenn es draußen feucht-heiß ist, füttere ich zum Beispiel kein eingeweichtes Brot, denn das kann sehr schnell säuern und verderben. Gehen Sie mit Menschenverstand an die Sache, füttern Sie kleine Portionen, die sagen wir in 20 Minuten aufgefressen sind, und werfen Sie danach Reste konsequent weg. Ansonsten drohen Verdauungsbeschwerden und Durchfall.

Ein sommergerechter Stall

Schauen Sie auch, dass der Stall möglichst kühl ist. Vor allem bei kleinen Bauten, egal ob vorgefertigt oder Marke Eigenbau, sollten Sie immer an die Überhitzungsgefahr im Sommer denken. Das heißt, Blechplatten oder schwarze Bitumendachpappe, so preiswert sie auch sein mögen, sind als alleinige Dacheindeckung völlig ungeeignet; sie bräuchten einen entsprechenden Unterbau. Bei den meisten Stallvarianten, vor allem kleinere und Exemplaren aus Holz, ist es sinnvoll, wenn Sie die Fenster komplett aushängen können – tun Sie das während des Sommers! Sind Sie in der glücklichen Lage und besitzen einen größeren gemauerten Stall mit festem Dach, können Sie es bewerkstelligen, dass es darin tagsüber etwas kühler bleibt als draußen. Ich habe gottlob so einen Stall und mache es im Sommer wie mit meinem Haus: Morgens die Fenster schließen, um die Hitze „auszusperren"; nachts sind die Fenster offen und lassen Kühle und frische Luft herein. Dass alle Stallfenster mardersicher vergittert sein müssen, versteht sich von selbst.

Apropos Fenster: Sie sind nicht nur zur Frischluftzufuhr wichtig, sondern auch wegen des Lichts. Außerdem sind Lüftungslöcher im Stall sinnvoll.

Inspizieren Sie außerdem öfter Ritzen und Ecken im Stall: In heißen Wochen rufen Rote Vogelmilben und anderes Ungeziefer *juche!*, vermehren sich rasant, fallen nachts über die ohnehin hitzegeplagten Hühner her und saugen Blut. Das Bestäuben von Sitzstangen, Nestern und Ritzen mit Kieselgur (aus dem Landhandel oder Internet) ist eine gute, natürliche und preiswerte Vorbeugung. Hat sich ungebetenes Viehzeug eingenistet, muss der Stall gründlich gereinigt und desinfiziert werden – Landhandel und Tierarzt werden Ihnen die richtigen Präparate empfehlen.

Regen …

Wie gesagt stehen Hühner Hitze und Kälte relativ gleichgültig gegenüber. Was ihnen nicht so behagt, ist Feuchtigkeit. Einen feuchten Stall (Krankheitsgefahr!) und Nässe, die bis auf die Haut dringt, finden sie furchtbar. Gegen kurze Regenschauer ist ihr Gefieder dagegen gut gewappnet, denn es ist mithilfe eines Sekrets aus der sogenannten Bürzeldrüse gut imprägniert. Ich finde, man fährt immer gut, wenn man es den Hühnern überlässt, wie viel Feuchtigkeit sie die Stirn bieten können und wollen. Wenn sie jederzeit Zugang zum Stall haben und sich auch im Auslauf ein regengeschütztes Plätzchen findet, können sie sich ihre „Komfortzone“ selber aussuchen: entweder der klamme, aber Abenteuer versprechende Auslauf oder der trockene, langweiligere Stall. Übrigens: In manchen Büchern liest man manchmal, Hühner würden Nässe *hassen* und beim ersten Regentropfen in den Stall fliehen. Das kommt sicher ein bisschen auf die Rasse an (Hühner, die wenig Untergefieder besitzen, wie Shamo oder Ko Shamo, sind nässeempfindlicher), deckt sich aber überhaupt nicht mit meinen Beobachtungen.

Ich wollte einmal ein Stück Rasen im Auslauf sprengen und dachte mir – die Geschichten über wasserhassende Hühner im Hinterkopf – die Tiere haben ja noch genügend nicht beregnete Freifläche, da können sie Zuflucht suchen ... Was machen aber meine Vorwerk- und Marans-Hennen? Rennen voller Begeisterung in den Sprühregen! Hähh, wie bitte? Ich glaube, sie warteten auf Regenwürmer, die dann, so hatten sie anscheinend gelernt, an die Oberfläche kommen. Außerdem glitzern Wassertropfen so herrlich – für Geglitzer sind Hühner ja generell anfällig (Seite 27)! Es war wohlgemerkt warmes Wetter und ein Sprenger vom Typ „warmer Sommerregen“ und nicht Marke „Wolkenbruch“. Ich konnte sehr schön sehen, wie die Wassertropfen auf ihrem Gefieder abperlten, und ich bin mir sicher, dass nicht ein Tröpfchen bis auf die Haut durchgedrungen ist. Was lernen wir daraus? Gesunde Hühner pflegen ihre Federn tipptopp (und das täglich!) und können sich somit solch eine selbstgewählte Dusche durchaus leisten.

Hühner spüren übrigens auch aufziehendes Unwetter; der aufmerksame Beobachter empfindet seine Tiere dann als hektischer als sonst. Angst zeigen sie jedoch nicht: Während eines normalen Gewitters bleiben sie relativ ruhig und suchen – meist im sicheren Stall – Unterschlupf.

… und Schnee

Ein paar Schneeflocken schocken Hühner nicht. Beim ersten Schneefall sind sie kurz irritiert (aber das geht uns Autofahrern ja auch jedes Jahr aufs Neue so), wenig später arrangieren sich alle damit. Solange der Schnee nur eine dünne Schicht bildet, Gras noch herausschaut, zeigen die Hühner ihm die kalte Schulter; die Kälte an den Füßen ist kein Problem (Ausnahmen bestätigen die Regel!). Bei geschlossener Schneedecke werden die Tiere vorsichtiger. Klar, es läuft sich schlechter: Mal sacken sie ein, mal trägt die Schicht. Sobald sich Trampelpfade gebildet haben, an denen der Boden fest ist, ist die Hühnerwelt auch wieder in Ordnung.

Nur wenn der Schnee als strahlend weiße Decke daliegt und so hoch ist, dass der Bauch nass wird, bleiben sie lieber im Stall. Denn wie gesagt, haben es Hühner nicht so mit durchdringender Feuchtigkeit. Und außerdem wurde in seltenen Fällen beobachtet, dass sie regelrecht „schneeblind“ wurden und sich schlecht zurechtfanden.

Bah, es regnet! Das Huhn schüttelt sich um die eigene Achse und dreht den Kopf. Dank des Sekrets aus der Bürzeldrüse, das es im Gefieder verteilt, ist so ein Huhn aber nicht aus Zucker.

Hühnerleben

Ein Hühnerleben, das theoretisch unglaubliche zehn Jahre (und länger) dauern kann, beginnt entweder wie von Mutter Natur vorgesehen unter dem wärmenden Federkleid einer Glucke oder in einem nüchternen, aber ebenso warmen Brutapparat. Egal, ob aus Natur- oder Kunstbrut, die Küken erobern die Welt in rasantem Tempo.

Ein Küken schlüpft

Ein Hühnerleben beginnt mit Schwerstarbeit. Nach 21 Tagen Brutzeit kämpft sich das Küken durch die Eierschale. Eine „Brechstange" hat es dafür naturgegeben mit dabei: den sogenannten Eizahn an der Schnabelspitze. Das Durchbrechen der Eierschale ist ein anstrengender, energiezehrender Prozess. Das dauert – unterbrochen von Pausen zum Ausruhen – schon einmal bis zu 24 Stunden. Helfen sollte man beim Schlüpfen übrigens nicht. Denn ein Küken, das es aus eigener Kraft nicht aus dem Ei schafft, wird auch in den nächsten Tagen nicht kräftig genug sein, all die Dinge zu tun, die ein Küken in seinem Alter können muss. Hinzukommt, dass man bei der vermeintlichen „Geburtshilfe" meist mehr kaputt macht, als es nützt.

Willkommen im Leben

Hat sich das kleine Küken im wahrsten Sinne aus dem Ei gepellt, liegt es erstmal erschöpft und mit feucht verklebtem Federflaum da, den dünnen Hals nach vorn gestreckt; es muss sich erholen. Nach einer guten Stunde unter dem wärmenden Federrock der Glucke (im Brutapparat mit Ventilator geht es etwas schneller) sieht es dann endlich so flauschig-niedlich aus wie auf einer Oster-Grußkarte, je nach Rasse in Gelb, Bräunlich, Schwarz oder in Farbmischungen daraus. Schon während es unter der Glucke trocknet, beginnt es mit der Mutter

Viele Verhaltensweisen müssen nicht erst erlernt werden …

zu kommunizieren. Nein, eigentlich beginnt die Verständigung über Laute schon vor dem Schlupf durch die Eierschale hindurch: Bereits einige Tage vor dem Schlüpfen piepst es aus dem Ei und die Glucke antwortet. Auch bei Zuchten im Brutapparat beobachtet man dieses Verhalten. Ob die Küken dann miteinander sprechen oder ob die Laute immer an ihre Mutter – ob physisch vorhanden oder nicht – gerichtet sind? Wer weiß … Was man daraus aber auf alle Fälle ableiten kann, ist, dass die Kommunikation über Laute nicht erlernt, sondern angeboren ist.

Schutzbedürftige Nestflüchter

Obwohl ab dem zweiten Lebenstag am Flügel langsam Federn sichtbar werden, sind Küken in den ersten Wochen noch nicht in der Lage, ihre Körpertemperatur selbst zu regulieren. Sie sind auf Wärme von außen angewiesen. Werden die kleinen Daunenbälle von der Glucke aufgezogen, kümmert sie sich darum: Zu kalt? – Husch, unter die Federn! Haben die Küken das Licht der Welt in einem Brutapparat erblickt, muss der Hühnerhalter mit einer künstlichen Wärmequelle unterstützen – und dabei besonders gut hingucken! Die Küken zeigen durch ihr Verhalten, was sie temperaturtechnisch benötigen: Drängen sie sich dicht an dicht unter der Wärmeplatte oder -lampe, ist die Temperatur zu niedrig, das heißt die Wärmequelle muss etwas höher geregelt bzw. tiefer gehängt werden. Sitzen sie am äußeren Rand der Wärmeplatte und nicht darunter, ist es ihnen zu warm, dann muss die Platte höher gehängt oder heruntergeregelt werden. Als Faustregel gilt: Je älter die Küken werden, desto weniger warm brauchen sie es. Wenn sich das erste richtige Federkleid entwickelt hat (rassebedingt mit acht bis zehn Wochen, Seite 75), brauchen sie keine zusätzliche Wärme mehr.

Die richtigen Federn wachsen übrigens nicht gleichmäßig über den Körper verteilt. Ab etwa dem zweiten Lebenstag wachsen die Federn an den Flügeln, danach die Steuerfedern (Schwanzfedern) und so weiter. Durch die voranschreitende Befiederung können sie sich immer besser bewegen, ja, bereits kleine Hopser machen und notfalls sogar halbherzig flüchten.

Bitte nicht wundern: Die ersten zwei Tage nach dem Schlupf fressen die Küken so gut wie nichts. Das ist normal, denn sie zehren noch vom sogenannten Dottersack aus dem Ei, einer Energiereserve von Mutter Natur, den sie kurz vor dem Schlüpfen in sich aufgenommen haben. Dennoch sollten Sie

Auch wenn es fast zu schön ist, um wahr zu sein, und regelrecht gestellt aussieht: Küken sitzen tatsächlich gern auf dem Rücken ihrer Mutter.

Die Glucke lockt, wenn sich die Küken etwas weiter entfernt haben …

ihnen Futter anbieten. Kükentaugliche Trinkmöglichkeiten sind von Anfang an ein absolutes Muss! Die Glucke, sofern vorhanden, zeigt den Hühnchen übrigens nicht direkt: „Los, kommt hierher, trinken!" Wenn sie selber trinkt und die Kleinen dies nachahmen, prima! Aber weil das Trinken bereits in den ersten Lebensstunden überlebensnotwendig, den Küken aber manchmal nicht plausibel ist, ist ein Wink mit dem Zaunpfahl angebracht. Falls Sie also das Gefühl haben, dass die Kleinen nicht so recht wissen, wo und was Wasser ist, tauchen Sie lieber die Schnäbelchen sanft hinein. Es genügt, ein, zwei Küken die Tränke zu zeigen – die Geschwister schauen sich das Verhalten in der Regel rasch ab. Danach orientieren sie sich vermutlich am Glitzern des Wassers. Und das ist erst der Beginn ihrer lebenslangen Liebe zu Glänzendem (mehr dazu auf Seite 27).

Viele Hühnerhalter, die zum ersten Mal Küken aufziehen, sind mindestens überrascht, wenn nicht gar schockiert, wenn sie beobachten, wie Küken nach den Augen ihrer Geschwister und Mutter picken. Ein Fall fürs Kapitel „Unarten und Verhaltensstörungen" (Seite 117)? Nein! Denn es handelt sich dabei um ein normales, in jeder Kükenschar vorkommendes Verhalten. Und aus der Sicht des unerfahrenen Kükens auch leicht entschuldbar: Es hält das feucht-glänzende Auge einfach für Wasser und will sein lebensnotwendiges Bedürfnis stillen. Richtiger Gedanke, falscher Ort! – das lernt das Hühnchen schnell anhand der Reaktionen der anderen.

Übrigens sollten Küken die erste Zeit von der Herde getrennt aufwachsen, nur die Glucke (sofern vorhanden) wacht über sie. Die Gründe sind einfach: Erstens sind Stall und Auslauf meist nicht kükengerecht ausgestattet, man denke nur an die Maschenweite des Maschendrahtzauns! Außerdem sind Küken ein gefundenes Fressen für allerlei Räuber, die sich an ausgewachsene Hühner nicht herantrauen würden, zum Beispiel Elstern oder Krähen. Da sind besondere bauliche Schutzmaßnahmen, wie ein Netz von oben, angebracht. Zweitens zur Vorbeugung: Bei den Alttieren herrscht unter Umständen ein gewisser Parasitendruck vor, dem die Neugeschlüpften noch nicht viel entgegenzusetzen haben. Drittens sind die Hühnerkolleginnen (und auch der Hahn) nicht immer nett zu anderer Leute Küken. (Generell kann man aber sagen, dass Küken relativ hart im Nehmen sind. Haben Sie schon mal gesehen, wie eine Glucke beim intensiven Scharren ein hinter ihr herumwatschelndes Küken im hohen Bogen durch die Luft befördert? Versehentlich, klar, aber auch ohne Reue.)

… und noch eine interessante Küken-Geschichte zum Schluss

Hühner sind alles andere als dumm, wie die folgende Geschichte bestätigt. Vor einiger Zeit geisterten Artikel über „Küken, die rechnen können" durch verschiedene Magazine und Foren. Hähh, wie bitte? Rosa Rugani und ihr Forscherteam an der Universität Trient (Italien) fanden im Rahmen verschiedener Experimente Erstaunliches heraus.

Küken wurden fünf identische Kapseln aus Überraschungseiern (ausgerechnet!) präsentiert. Nach einiger Zeit wurden zwei Gruppen à drei bzw. zwei Kapseln hinter jeweils einer Abdeckung verborgen, sodass die Küken sie nicht mehr sehen konnten. Die Hühner liefen zu der Abdeckung mit der größeren Anzahl an Kapseln dahinter. Anschließend wurde die Anzahl hinter den Abdeckungen verändert, indem die Forscher ein oder mehrere Kapseln jeweils einzeln zur anderen Gruppe verschoben. Das Verschieben konnten die Küken sehen, nicht aber die absolute Zahl hinter der Abdeckung. Die Küken mussten also „mitrechnen" im Sinne von addieren und subtrahieren, um zu wissen, wo sich die größere Gruppe an Kapseln befindet – zu der sie dann prompt liefen.

Und warum reagieren Küken so stark auf die größere Anzahl von Dingen? Eine mögliche Erklärung ist: Sie geben mutmaßlich einer größeren Gruppe den Vorzug, weil diese mehr Schutz verspricht.

Küken und Glucke

Nach dem Schlüpfen und einer anschließenden kurzen Phase des Krafttankens, werden die Küken mobiler. Typisch Nestflüchter! Jetzt beginnt die Sternstunde der Glucke. Dabei bedient sie alle Klischees, mit denen der Mensch eine Glucke beschreibt: Sie passt auf, beschützt, verteidigt, nimmt unter die Fittiche und belehrt ... Dabei ist es irrelevant, ob die Küken biologisch ihre Kinder sind – wenn die Henne die Kleinen ausgebrütet hat, sieht sie sie als ihre Kinder an und übernimmt den Fulltimejob mit wehenden Fahnen (mehr zum Ausbrüten fremder Eier auf Seite 89).

... und sie finden sich sogleich wieder bei ihr ein.

Manchmal nimmt eine Glucke von frisch geschlüpften Küken das Hinzusetzen fremder, anderswo geschlüpfter Küken hin – je früher desto problemloser. Bereits wenige Tage nach dem Schlupf klappt diese Mogelei nicht mehr, denn die Henne hat sich mittlerweile ihre Küken genau eingeprägt. Die Henne erkennt die „falschen Fuffziger“ und stößt sie fort. Man sieht an diesem Beispiel: Die Hühner erkennen sich nicht nur als Vertreter ihrer eigenen Art, sondern als Individuum (mehr dazu auf Seite 95). Auch andersherum funktioniert das: Das Küken erkennt die Mutter. Mehr noch, es entsteht ein sehr enges Band zwischen ihnen, denn nur von ihr hat das kleine Federknäuel Schutz und Führung zu erwarten, nicht von Tanten und Großmüttern, vom Vater schon gar nicht ...

Ganz eifrig folgen die Kleinen der Mutter auf dem Fuß. Niemand will die Lektionen des Lebens verpassen.

Unterricht bei Mama

Die Glucke beginnt, den Nachwuchs herumzuführen, dabei redet sie die ganze Zeit auf ihn ein – der Unterricht des Lebens nimmt seinen Anfang. Dabei ist die Glucke ständig auf der Hut. Erscheint der Mensch auf der Bildfläche oder tritt eine unvorhergesehene Situation ein, gibt Frau Mama einen Laut von sich, die Küken huschen unter die Federn und die Glucke verstummt, um sich und ihren Nachwuchs nicht zu verraten. Greift man nach den Küken, geht sie möglicherweise sogar auf Angriff – das ist abhängig vom Temperament der Glucke und wie gut sie den sich nähernden Menschen kennt bzw. ihm vertraut. Je jünger die Küken, desto skeptischer die Glucke!

Sobald die Luft rein ist, schlüpfen die Kleinen wieder hervor, und versammeln sich um die Glucke. Die beginnt wieder mit ihren leisen „Erklärungen“, scharrt und pickt nach realem, oft aber auch nach imaginärem Futter. Dabei sucht sie anfangs Bereiche mit weichem Boden auf, der die Kükenkrallen weniger belastet, zum Beispiel unter Büschen (weiterer Pluspunkt hier: Schutz vor Beutegreifern aus der Luft). Sie zeigt den Küken auf diese Weise, wie man nach Futter sucht und was genießbar ist. (Warum sie ihnen das Trinken gleich nach dem Schlupf nicht mit derselben Hingabe zeigt, ist mir ein Rätsel.) Und der Unterricht ist auch gleich praktischer Natur: Obwohl sie jederzeit Kükenfutter zur Verfügung haben, fressen Küken von Anfang an gleich richtig nach Mamas Anleitung mit. (Große Käfer gehen selbstredend noch nicht, Ameisenpuppen kann man dagegen schon mal probieren!) Die Kleinen machen der Glucke alles eifrig nach und scheinen piepsend Fragen zu stellen. Wissensdurst, von dem jeder Lehrer nur träumen kann. Der Rest ist Erfahrung. Erwachsene Hühner können beispielsweise sehr genau auf sich bewegende Insekten zielen; Küken picken zunächst oft noch daneben – Übung macht den Meister!

Während der Lektionen beobachtet die Glucke sowohl das Tun ihrer Küken als auch die Umgebung, damit sie bei drohender Gefahr schnell ihr Federkleid lupfen und den Nachwuchs zu sich rufen kann.

Die Küken sind offensichtlich nicht mit der Orpington-Henne blutsverwandt. Wie gut, dass eine Glucke alle Küken, die sie ausgebrütet hat – egal ob aus eigenen oder untergeschobenen Eiern – als ihre Schutzbefohlenen ansieht.

Dieses Spiel aus Vormachen-Nachmachen-Kommunizieren geht den ganzen Tag so weiter. Man staunt über die Kondition der kleinen Federbälle; sie ruhen sich weniger aus, als man meinen könnte.

Auf eigenen Beinen

Im Alter von etwa acht Wochen nabeln sich die Küken ab – zwangsweise! Denn die Glucke stellt dann ihre Betreuung ein: Manche Glucken machen vom einen auf den anderen Tag Schluss mit dem Kindergarten und schicken den verdutzten Nachwuchs mit *Picks* hinaus in den Ernst des Lebens, andere lassen das Bemuttern ausschleichen.

Küken aus dem Brutapparat

Küken müssen nicht zwingend von einer Henne ausgebrütet und auch nicht von einer unterrichtet werden. Das Ausbrüten von Hühnereiern im Brutapparat ist gang und gäbe, besonders wenn man viele Küken ausbrüten möchte oder falls man einfach keine Henne in Brutstimmung zur Verfügung hat. Denn nicht alle Hühnerdamen wollen heutzutage Mutter werden (einigen Rassen wurde der Bruttrieb gänzlich weggezüchtet). Manche Züchter vertrauen besonders erfolgversprechende Nachzuchten sogar lieber einer Maschine an: aus Angst, die Glucke könnte ausfallen, und weil sich das Brüten besser planen lässt. Der Mensch kann im Brutapparat genau festlegen, wann Tag 1 und somit auch wann Tag 21, der Schlupf, ist. Es ist natürlich möglich, Brutapparate hintereinander zu bestücken. So erhielte man Kükengruppen mit jeweils drei Wochen Altersunterschied. Leider kann man diese Altersgruppen nicht gemeinsam aufziehen. Hühner entwickeln sich schnell, und so sind Tiere mit mehr als zwei Wochen Altersunterschied nicht mehr so recht „kompatibel“.

Ein Küken wächst schnell. Im Vergleich: Das rechte Küken ist ungefähr einen Tag alt, das linke etwa zwei Wochen.

Wie Kunstbrut-Küken die Welt kennenlernen

Etwas mehr Arbeit hat der Halter mit Küken aus dem Brutapparat, sogenannten Kunstbrut-Küken. Er muss, wie bereits auf Seite 69 beschrieben, besonders in den ersten Lebenswochen für genau dosierte Wärme sorgen. Außerdem muss er die kleinen Flaumbälle so gut es geht vor Feinden schützen (in der Regel durch ein stabiles, engmaschiges Gehege), denn es gibt keine Glucke, die sich im Fall der Fälle mutig – und mit großer Aussicht auf Erfolg! – einer Elster oder Katze entgegenwirft. Gut zu wissen ist aber, dass diese Küken keine Defizite im späteren Leben haben werden. Ja, man merkt noch nicht einmal, ob das Huhn einst von einer Glucke oder der Technik ins Leben begleitet wurde. Sie scharren und picken nach Futter, auch ohne dass sie jemals ein anderes Huhn dabei beobachtet hätten. Von Glucken geführte Küken lernen zwar schneller, weil sie ein perfektes Vorbild nachahmen können, aber das „verwächst" sich.

Die Verhaltensweisen sind bereits in ihren Genen hinterlegt, jetzt heißt es nur, Erfahrungen zu sammeln und auch voneinander zu lernen. Wenn man besonders zahme Hühner haben möchte, bietet es sich sogar an, Glucken außen vor zu lassen. Küken, die von ganz zartem Alter an viel Kontakt zu „ihren" Menschen haben, werden in der Regel zahmer als Tiere, die man später mithilfe von Leckerli zähmt.

Früh übt sich, wer ein Herdenmitglied werden will

Schon wenige Tage alte Küken – egal, ob aus Natur- oder Kunstbrut – messen sich bereits mit ihren Kükengeschwistern; das sind erste unbeholfene Rangordnungs-„Kämpfe". Ab dem vierten Lebenstag etwa suchen insbesondere die kleinen Hähne die Konfrontation mit anderen Hahnenküken. Und trotz der spielerischen Komponente kann hier theoretisch der Grundstein einer Hackordnung entstehen – vorausgesetzt, die Kükengruppe bliebe in dieser Konstellation zusammen und wächst gemeinsam auf. In der Praxis ist dies eher selten der Fall; Hühner werden abgegeben (besonders wenn mehrere Hähne dabei sind) oder es gibt natürliche Verluste, die Junghühner werden in bestehende Gruppen aus Alttieren integriert oder oder oder. Dann beginnt das Kräftemessen von vorn. Gerangelt wird immer dann, wenn sich das Gruppengefüge ändert (mehr dazu ab Seite 96).

Halbstarke im Hühnerhof

Sind die Kleinen ungefähr zwei Monate alt, spricht man nicht mehr von Küken, sondern von Junghühnern – Hühner-Teenager! Das ist der Zeitpunkt, wo das daunenweiche Kükengefieder gegen das erste richtige Gefieder ihres Lebens eingetauscht wurde: Das Jugendgefieder ist eine Art „Übergangsgefieder", das richtige Erwachsenengefieder mit den rassetypischen Farben und Zeichnungen kommt später. Die Hühner verändern sich äußerlich, das Niedliche weicht und es werden langsam „richtige" Hühner draus; der Kopf erinnert häufig an ein Greifvogelgesicht.

Nach spätestens drei Lebensmonaten ist das Spielerische in den Rangeleien verschwunden; es weicht ernsten Rangordnungskämpfen. Nun wird ausgetestet, ob die als Küken ausbaldowerte Rangfolge auch „im echten Leben" Bestand haben kann, und häufig nochmal angepasst.

Mit drei bis vier Monaten (je nach Rasse) durchlaufen die Tiere endlich ihre erste komplette Mauser. Sie bekommen erstmals „richtige" Erwachsenenfedern am ganzen Körper. Der Zeitpunkt ist abhängig vom Lebensalter, nicht von der Jahreszeit (wie es bei der jährlich stattfindenden Mauser der Erwachsenen der Fall ist, Seite 92)! Daher ist das Schlüpfen im Frühjahr günstig, um zu vermeiden, dass die erste Vollmauser in den Winter fällt. Das ist auch das Alter, in dem die Hühner nervöser, agiler, mutiger, aufmüpfiger werden – klassische Halbstarke eben. Aus Hühner-Teenagern werden Erwachsene, aus Junghähnen werden Rivalen – und daher trennen sich hier häufig ihre Wege … und dann: Willkommen in der Welt der Erwachsenen!

Diese zwölf Wochen alte Zwerg-Barnevelder-Henne ist jetzt ein Hühner-Teenager.

Endlich erwachsen

Wann ist ein Huhn erwachsen? Kurze Antwort: Wenn es geschlechtsreif ist. Wann dies der Fall ist, kommt auf die Rasse an und ist darüber hinaus von Huhn zu Huhn leicht unterschiedlich. Hähne werden in der Regel früher geschlechtsreif (mit fünf Monaten) als Hennen (mit sechs bis sieben Monaten).

Rein äußerlich sind die Hühner zu diesem Zeitpunkt mit Erwachsenengefieder ausgestattet, das „Greifvogelgesicht" der Junghühner (Seite 75) ist dem typischen Hühnerkopf gewichen, Kamm und Kehllappen sind ausgewachsen und haben sich rot (bzw. in rassetypischer Farbe) gefärbt. Hahn und Henne sind äußerlich gut zu unterscheiden.

Auch der Charakter ändert sich in der Regel, bei den Hennen hin zu einem ruhigeren Wesen – wobei das immer relativ zu sehen ist. Es gibt sehr agile, aufgeregte Rassen wie Friesenhühner und Amerikanische Leghorn, die werden auch als Erwachsene niemals zu „Schlaftabletten". Sagen wir: Erwachsene Hennen sind einfach weniger hitzköpfig als in ihren wilden Jugendjahren. Die Hähne drehen als Junghahn nochmal richtig auf, sind nervös und stolz; im Alter zeigt sich dann mehr und mehr die Gelassenheit eines weisen Familienoberhaupts. Im hohen Alter werden Hühner meist ganz ruhig, ja, man möchte schon fast von Altersmilde sprechen – aber viele Hühner erleben dieses Alter gar nicht erst (in der Industrie schon gar nicht), weil sie häufig geschlachtet werden, bevor ihre Legeleistung nachlässt oder ihr Fleisch zäh wird. Hennen mit „guten Genen" können wohl zehn bis 15 Jahre alt werden, aber es fehlen hier verlässliche Angaben, weil die wenigsten Halter die Tiere so lang leben lassen, bis sie an Altersschwäche sterben. Eines scheint sicher: Hybrid-Hühner sterben früher, weil sie auf Höchstleistung gezüchtet wurden und diese „übernatürliche" Leistung ihren Tribut fordert: Der Körper ist schlicht früher „verbraucht" als Zweinutzungshühner oder robuste „Wald-und-Wiesen-Mischlinge".

Hierbei handelt es sich offensichtlich um eine geschlechtsreife, legereife Henne: Der Kamm ist deutlich ausgebildet.

Hennen

Untrügliches Zeichen, dass Hennen geschlechtsreif sind, ist, dass sie Eier legen! Bereits davor gibt es jedoch physische Anzeichen: Die Körper werden fülliger, ihre Popos rundlicher, sie erscheinen von der ganzen Statur her behäbiger, der sogenannte Legebauch bildet sich heraus und wird weich, die Brust wölbt sich vor. Nicht nur bei Hähnen, auch bei Hennen entwickeln sich die Kämme zur rassetypischen Größe, Form und Farbe. Ja, man kann Junghühnern wirklich ganz gut ansehen, ob sie für das unverhofft im Nest vorgefundene Ei infrage kommen oder nicht: Hennen, die Eier legen, also geschlechtsreif sind, zeigen einen größeren Kamm in deutlicherer roter Färbung als Hennen, die noch nicht so weit sind. Deren Kamm ist blass und oft nur eine knubbelige Wulst auf dem Kopf.

Mit der Geschlechtsreife bekommen auch die „Ohrläppchen" ihre charakteristische wie verräterische Farbe. Denn an diesen erkennt man die Farbe, die die Eier haben werden – weiße Ohrscheiben: weiße Eier; rote Ohrlappen: braune Eier. Nur Rassen oder Mischlingshennen, die grüne Eier legen, verraten sich auf diese Weise nicht so eindeutig.

Eine interessante Sache noch zum Schluss: Bei manchen Hennen bilden sich im Alter Sporen an den Läufen – wie bei einem Hahn. Das hat mit ihrem Hormonhaushalt zu tun und deutet auf eine gute Eierlegerin hin. Apropos Eier legen ...

Eier legen

Zwei Dinge gleich mal vorweg ... „Legen Hühner denn auch ohne Hahn Eier?", so lautet die wahrscheinlich beliebteste Frage von Hühner-Greenhorns und Kindern. Klare Antwort: Ja! Nur auf Küken muss man dann logischerweise verzichten. Die zweitbeliebteste Frage: „Hat das Futter einen Einfluss auf die Eierschalenfarbe?" Nein! Die Eierschalenfarbe ist genetisch festgelegt und kommt von Pigmenten, die während der Schalenbildung eingelagert werden, und nicht von der Ernährung der Hühner. Und braune Eier sind auch nicht gesünder als weiße, um mit diesem Vorurteil auch gleich mal aufzuräumen.

So, geschafft! Das Ei ist gelegt, gleich stimmt sie ihr stolzes Gegacker an.

Lieblingsplatz: Legenest

Sind die Junghennen etwa sechs Monate alt, kann man bald mit dem ersten Ei rechnen. Der aufmerksame Besitzer kann Wochen oder Tage davor beobachten, wie sie schon mal das Legenest besichtigen (sie suchen intuitiv einen geschützten, ruhigen, weich gepolsterten Ort): Sie springen rein, schauen sich um, springen raus, wieder rein, ein paar Halme zupfen ... Es ist eindeutig: Das Nest zieht sie magisch an. Außerdem sieht man sie Muschelbruch oder zermahlene Eierschalen aufpicken, je nachdem was Sie Ihren Hühnern als Kalkquelle für die Eierschalen-Bildung anbieten.

Tja, der Lieblingsplatz ist wohl schon besetzt ...

So natürlich das Eierlegen auch ist und so oft das Nest auch schon vor Tagen angeschaut wurde ... das Timing stimmt anfangs häufig noch nicht. So ist es nicht ungewöhnlich, wenn Sie die allerersten Eier morgens auf dem Kotbrett oder heruntergerollt auf dem Boden finden. Die Junghenne wurde quasi vom ersten Ei ihres Lebens überrascht! Innerhalb weniger Tage hat sie den Bogen aber raus und sucht rechtzeitig (30 Minuten bis schon einmal zwei Stunden vor dem Legen) das Nest auf. Selten suchen sich Hühner individuelle Plätze zur Eiablage (mehr dazu unter „Eier verlegen“, Seite 128). In der Regel leuchtet Hennen – auch den jungen, unerfahrenen – Sinn und Zweck des Legenests sehr schnell ein. Besonders wenn bereits Ältere dort hineinlegen und sie das Verhalten von ihnen lernen können. Darüber hinaus legen Hennen mit Vorliebe dort, wo bereits andere legen – überhaupt auch gern in der Gruppe, weshalb manche Hühnerhalter statt Einzelnester große Gruppennester anbieten. Eierlegen scheint eine höchst soziale Angelegenheit zu sein.

Ganz schön anstrengend ...

Das Legen der Eier an sich ist eine kräfteraubende Angelegenheit; die Anstrengung ist den Hennen dabei ins Gesicht geschrieben. Sitzen sie in der Phase vor dem Legen relativ gemütlich im Nest, stehen sie während des Legens auf: Die Bezeichnung „Pinguinstellung“ kommt nicht von ungefähr. Ist das Ei gelegt, setzt sich das Huhn, sofern es nicht gestört wird, noch einmal hin und ruht.

Diese Phase ist wichtig, weil sich hier die Kloake, die zur Eiablage nach außen gestülpt wurde, wieder in den Körper zurückzieht. Alles auf Anfang sozusagen. Verließe die Henne schon vorher ihr Nest, könnte die ausgestülpte Kloake andere Hühner zum Picken animieren, was ein hohes Verletzungsrisiko und die Gefahr von heftigen Angriffen (schlimmstenfalls bis hin zum Kannibalismus, Seite 134) birgt. Steht sie endlich auf und sucht sich ihren Weg zurück zur Herde, schreit sie in sehr charakteristischer Weise: aufgeregt und nicht selten erstaunlich laut (Seite 105). Die Hühnerherde und auch der Besitzer wissen nun: Es ist vollbracht, das Ei ist da! Der Hahn eilt daraufhin der Henne entgegen und geleitet sie charmant zu den anderen zurück.

Ein Ei entsteht ...

Während sich bei der Frage, was zuerst da war – Huhn oder Ei – die Philosophen abarbeiten, gibt es bei der Frage, ob Eigelb, Eiweiß oder Eierschale zuerst entsteht, keine Diskussion: Es startet mit dem Eidotter. Die sogenannte Dotterkugel wandert vom Eierstock zur „Weiterverarbeitung" durch den Körper. An verschiedenen Stationen – Eileitertrichter, Eileiter, Eihalter – bekommt das Dotter erst sein Eiweiß, dann die Schale. Dies ist sehr vereinfacht zusammengefasst und beschreibt nicht im Mindesten das Kunstwerk, das ein Huhn da vollbringt. (Noch eine kleine Kostprobe gefällig? Die einzelnen Komponenten sind durch verschiedene Membrane voneinander getrennt, es gibt eine Schutzschicht außen um das Ei, die gegen das Eindringen von Keimen schützt; es bilden sich sogenannte Hagelschnüre, die das Dotter an beiden Polen des Eis so „befestigen", dass es die Position ungefähr mittig im Ei beibehält und von innen nicht an die Schale anpappen kann, was tödlich für einen Embryo wäre, es wird eine Luftkammer „eingebaut", damit das Küken später im Ei atmen kann usw.)

Übrigens legen Hühner nicht jeden Tag ein Ei. Der Hühnerkörper benötigt allermindestens 24 Stunden zum Bilden eines Eis, oft auch ein paar Stunden länger; 28 Stunden ist erfahrungsgemäß ein realistischer Wert – jeden Tag ein Ei schafft also die größte Superhenne nicht.

Gute Leger, schlechte Leger – warum?

Wie „produktiv" die Henne ist, richtet sich nicht zuletzt nach der Rasse: Manche legen durchschnittlich mehr Eier, andere weniger. Diese Erfahrungswerte finden Sie problemlos in einem guten Rasseporträt-Buch (und hier empfehle ich natürlich das, das ich mit meinem lieben Co-Autor Wilhelm Bauer verfasst habe: Krause/Bauer, Garten sucht Hühner – Die besten Rassen für kleine Gärten, Verlag Eugen Ulmer). Jetzt könnte man sagen: Jeder will doch möglichst viele Eier! Warum gibt es denn dann überhaupt Rassen, die weniger legen? Das ist ganz einfach! Weil in der Züchtungsarbeit (Gott sei Dank möchte ich sagen)

Zur Not geht's auch zu zweit ... Platz ist in der kleinsten Hütte.

nicht nur Wert auf eine große Eierproduktion gelegt wurde, sondern manchen Züchtern auch andere Parameter wichtig waren. Zum Beispiel wollten manche möglichst viel hochwertiges Fleisch erreichen – und eine Henne, die Eier wie am Fließband produziert, wird durch diesen Kraftakt ausgemergelt; zu einem saftigen Brathühnchen wird sie nie und nimmer. Man kann schließlich nicht alles haben, oder? Aber dennoch von allem ein bisschen! Zu diesem Zwecke wurden sogenannte Zweinutzungshühner gezüchtet. Sie sind gerade für Hobby-Selbstversorger eine prima Wahl, da sie in beiden Disziplinen im guten Mittelfeld rangieren: guter Fleischansatz und gute Eierleistung. Manchem ist auch Schönheit Züchtungsziel Nummer eins. Und so gibt es Rassen wie Chabo oder Seidenhühner, denen man Unterdurchschnittlichkeit in der Legeleistung und in der Fleischqualität nachsieht, weil sie einfach skurril und wunderschön aussehen.

Neben der Rasse spielen bei der Legeleistung ebenso andere Dinge mit hinein: gravierend zum Beispiel das Alter der Henne, aber auch die Ernährung, die Tageslichtlänge, Wetterwechsel (vor allem, wenn sich dabei die Lichtverhältnisse stark ändern), Störungen in der Stallroutine oder im seltenen Fall auch Schocks (zum Beispiel durch Marder-Angriffe). So ist es ganz natürlich, dass es immer wieder Phasen gibt, in denen die Henne unregelmäßig legt. Dabei kommt die Quittung erst ungefähr 28 Stunden später nach einem störenden Ereignis, denn dieses schlägt sich auf die Eibildung nieder, nicht auf das Legen an sich. Das heißt, wenn sich ein Ei bereits in der „Pipeline" befindet, wird dieses noch gelegt, und danach gegebenenfalls gestreikt.

Weiterhin gibt es von der Natur vorprogrammierte Legepausen im Jahreslauf: zum Beispiel während der Mauser, wenn die Henne brütet, im Winter oder im heißen Hochsommer („Wenn der Holunder blüht, werd'n die Hühner müd'"). Dann bildet sich auch ein wichtiges äußeres Merkmal der Geschlechtsreife zurück: der Kamm (jedoch nicht ganz bis zum Junghennen-Look). Dies hat sich die Natur als Zeichen an die Hähne gedacht: „Ich habe gerade den Pauseknopf gedrückt; befruchten lohnt sich nicht!"

Galant, galant, der Hahn zeigt seinen Damen, dass die Früchte oben hängen.

Hähne

Ein Hahn ist einer Henne in Sachen Geschlechtsreife in der Regel ein bis zwei Monate voraus: Er wird je nach Rasse mit etwa fünf Monaten fortpflanzungsfähig. Dann bildet sich die rassetypische Pracht heraus: Kamm, Kehllappen, Sicheln (das sind die imposanten Schwanzfedern) und die charakteristische Farbenpracht. An den Füßen beginnen aus verdickten Hornplatten Sporen zu wachsen. Sporen sind Auswüchse am Fuß des Hahns, die in erster Linie der Verteidigung dienen und teils messerscharf und spitz, manchmal auch gebogen wachsen können. Außerdem zeigt sich der junge Erwachsene nun nervöser, aufgeregter, er fängt an zu krähen – oder man muss vielleicht eher sagen: Er übt das Krähen. Und das klingt anfangs noch recht erbärmlich, Marke „eingerostete Fahrradbremse“. Leben mehrere Hähne zusammen, beginnen sie spätestens jetzt zu streiten wie die Kesselflicker. Auch dann, wenn die Tiere zusammen aufgewachsen sind. Bei Hähnen gibt es keine Bruderliebe oder Best Buddys. Der Hahn hat stets eine Sonderstellung innerhalb der Herde inne und jeder will derjenige welcher sein! Stellenbeschreibung: Hahn im Korb in Führungsposition. Hier endet dann meist auch das Zusammenleben der Hähne. Der Besitzer trennt die Gruppe und gibt überzählige Hähne auf andere Hühnerhöfe oder bildet zur Zucht mehrere, separat voneinander lebende Hühnergruppen, sogenannte Stämme, bestehend aus einem Hahn und mehreren Hennen. Oder er schlachtet sie.

Hahn im Korb?

Eigentlich finde ich den Vergleich „Hahn im Korb“ gar nicht so passend. Beschreibt es doch einen Mann, der – allein unter Damen – von diesen nach allen Regeln der Kunst umgarnt wird. Ein Hahn ist im Regelfall das einzige männliche Wesen in der Hühnerherde, hier passt das Sinnbild. Aber nicht die Hennen umschmeicheln ihn, sondern er die Hennen! Er lockt sie herbei, wenn er Futter gefunden hat. (Manchmal tut er allerdings auch nur so und schreitet unverzüglich zum Tretakt, wenn die Damen herbeigeeilt sind – das nennt man in der Fachsprache Scheinlocken.)

Ein stolzer Hahn wie er im Buche steht. Dass es sich um ein Alttier handelt, erkennt man an den Sporen.

Der Hahn hat stets die Umgebung im Blick und warnt bei vermeintlicher Gefahr. Wenn es brenzlig wird, greift er auch schon mal an und verteidigt seine Damen. Er holt sie nach der Eiablage vom Nest ab und führt sie zurück zur Herde und und und. Und ganz wichtig: Er bringt Ruhe in die Gruppe. Der Hahn lehnt sich also nicht zurück und lässt sich betutteln, sondern er hat eine wichtige Position in der Hühnerherde inne, die mit viel Verantwortung verbunden ist.

Übrigens ist der Hahn nicht per se der Boss im Hühnerhof. Auch er muss seinen Rang erkämpfen und sich mit den Hennen einzeln messen (mehr zur Rangordnung der Hühner ab Seite 96). Verliert zum Beispiel ein schmächtiger Junghahn mit wenig Kampfeserfahrung gegen eine kräftige Althenne, wird sie über ihm in der Rangordnung stehen. Er darf sich in diesem Fall übrigens dennoch mit den Hennen paaren. Spätestens, wenn er ausgewachsen und kräftiger ist, wird er aller Wahrscheinlichkeit nach die Hennen erneut herausfordern und auch bezwingen (Ausnahmen bestätigen die Regel).

Braucht eine Hühnerherde unbedingt einen Hahn?

Wird eigener Nachwuchs gewünscht, dann natürlich zwingend ja. Ansonsten ist er nicht unbedingt nötig; es gibt auch viele reine Hennenherden, von denen ich behaupten würde, dass es den Tieren ausgesprochen gut geht und es ihnen an nichts mangelt. Aber je mehr Hühner zusammenleben, desto eher sollte man über die Anschaffung eines Hahns als Friedensstifter nachdenken. Er hat einen wohltuenden Einfluss auf das soziale Miteinander, er befriedet streitende Hennen aktiv. Ein Verhältnis von einem Hahn auf bis zu 15 Hennen gilt dabei als ausgewogen – absolut hobbyhaltertauglich also. In der Rassegeflügelzucht werden Stämme meist mit nur zwei bis sechs Hennen pro Hahn zusammengestellt, um die Befruchtungsrate der Eier zu erhöhen.

Noch ein weiteres Argument spricht für die Haltung eines Hahns: Beim Schlüpfen von Küken geht man von einer Geschlechterverteilung von statistisch halb Männlein, halb Weiblein aus. Aber es werden sehr viel mehr Hennen „gebraucht" als Hähne. Das Erkennen des Geschlechts im Ei ist zwar technisch mittlerweile möglich – das Ei wird angebohrt, eine Probe entnommen und diese untersucht. Es ist für den Hobbyhalter aber wohl kaum praktisch umsetzbar. Und so wird es bis auf Weiteres weiterhin viele überzählige Hähne geben ... Wäre es vor diesem Hintergrund vielleicht eine noble Geste, wenigstens einem dieser „ungewollten" Geschöpfe ein Heim zu bieten?

Ein Junghahn wird zum stolzen Gockel

Es ist interessant, welche Charakterwandlung Hähne während ihres Erwachsenwerdens vollziehen. Als Teenager-Hähne meist „Heißsporne" werden viele mit dem Alter gelassener. Sie wissen um ihre Imposanz und Stellung in der

Ein Hahn ist bei kleinen Herden nicht zwingend notwendig, er schlichtet aber zwischen streitenden Hennen.

Herde und agieren dementsprechend. Sie präsentieren sich stolz. Ihr Krähen ist weithin hörbar und macht möglichen Rivalen in der Umgebung klar: „Hier ist mein Revier, dies ist mein Harem!“ (Dumm nur, wenn Nachbarhähne dasselbe erwidern – regelrechte Krähwettstreite sind die Folge.) Ihre Lebenserfahrung lässt sie bei möglichen Gefahren oder in unübersichtlichen Situationen auch nicht sofort zum Äußersten greifen: Sie sparen zunächst ihre Kräfte und versuchen durch Imponieren und Drohen zu beeindrucken. Notfalls aber wenden sie auch physische Gewalt an.

Hahnenkämpfe

Dieses ganze Repertoire zeigt sich bei Kämpfen unter Hähnen. Und damit meine ich nicht die mittlerweile in den meisten Ländern Gott sei Dank verbotenen Hahnenkämpfe zur „Unterhaltung“ und zum Wetten auf Leben und Tod. Diesem wohl seit Jahrtausenden beliebten Unterfangen liegt das natürliche Revierverhalten der Hähne zugrunde. Ja, dass Hähne miteinander kämpfen, ist etwas Natürliches. Was aber ganz und gar unnatürlich (und grausam) ist, ist, dass den Tieren keine Möglichkeit zum Meiden des Gegners oder zur Unterwerfung und damit zum selbstgewählten Ende des Kampfes und letztlich zum Überleben gegeben wird. (Von anderen unschönen Begleiterscheinungen wie Doping und an die Füße getapten Rasierklingen mal noch ganz abgesehen.) Jedenfalls ist ein – wohlgemerkt nach den Regeln der Natur – ausgefochtener Hahnenkampf ein häufig zu beobachtendes Szenario auf Höfen, auf denen doch einmal mehrere Hähne zusammenleben (oder falls Nachbars Hahn zugeflogen ist, weil ihm die Hennen auf der anderen Seite des Zauns allzu gut gefallen haben). Die Streithähne, im wahrsten Sinn des Wortes, stehen sich mit aufgerichteten Halsfedern, vorgestrecktem Kopf und gesenkten Flügeln stocksteif gegenüber, dem Gegner dabei fest in die Augen blickend. Wenn einer den Kopf hebt, geht der andere mit. Behakeln sich zwei Hähne gleicher Rasse, sieht das fast wie ein Hahn und sein Spiegelbild aus. Sie bedienen sich körpersprachentechnisch allem, was sie groß und gefährlich aussehen lässt. Nun gibt es zwei Möglichkeiten: Entweder gesteht einer der Kontrahenten schon während der Drohphase seine Unterlegenheit ein, zieht sich zurück, und der Kampf ist vorbei, bevor er überhaupt begonnen hat. Oder es knallt! Wenn sich das gegenseitige Drohen hochschaukelt und niemand aufgeben will, folgt ein Kampf, bei dem sich die Gegner anspringen. Und es sind nicht in erster Linie die Schnäbel, mit denen sie aufeinander losgehen, wie man vermuten könnte (obgleich sie die Schnäbel ebenfalls benutzen). Sie attackieren vor allem mit den Füßen. Die können sie beim Anspringen weit nach vorn strecken und den Rivalen mit Krallen und Sporen angreifen. Beliebter Zielpunkt der Attacken ist der gegnerische Kopf. Und es kann auch schon mal Blut fließen! Denn Sporen sind äußert scharf. Althähne mit drei, vier Jahren haben wahre Mordsinstrumente entwickelt, an denen man sich auch als Mensch schonmal beim Hochheben und Untersuchen der Tiere verletzen kann – da ist äußerste Vorsicht (und ein dicker Handschuh) angebracht.

Nach dem Anspringen folgt wieder eine Phase des Drohens – übrigens stoßen Hähne (im Gegensatz zu Hennen) keine speziellen Drohlaute aus, allenfalls stolzes Krähen soll die Überlegenheit demonstrieren. Ansonsten zeigt die Körpersprache dem Gegner, was Sache ist. Und so wechseln sich Drohen und Kämpfen so lange ab, bis sich ein Hahn als Unterlegener zurückzieht. Übrigens sind Hühnerrassen, die „Kämpferblut“ in sich tragen, also in den Reihen ihrer Vorfahren Rassen haben, die

Treffen Hähne aufeinander, fliegen die Fetzen – ein Grund, warum man mehrere erwachsene Hähne leider nicht zusammen halten kann.

einst zum Zwecke des Hahnenkampfes gezüchtet wurden, geschicktere Kämpfer als andere Rassen. Sie attackieren gezielter, es liegt ihnen quasi im Blut. Sie sind aber keinesfalls als gefährlich einzustufen! Diese Hähne kämpfen gegen Hähne! Gegenüber Menschen sind die meisten als sehr freundlich bekannt, manche beschreiben sie als regelrecht „schmusig".

Nach dem Rückzug eines Hahnes malträtiert der Sieger den Verlierer oft noch weiter nach dem Motto „Hau druff!", um seiner Vormachtstellung Nachdruck zu verleihen. Bei den Hahnenkämpfen geht es schlussendlich um die Führungsrolle im Hühnerhof und den Vorrang bei der Paarung. Und falls Sie sich jetzt fragen, ob das Kampfgeschehen die Hennen irgendwie interessieren würde, vielleicht um zu sehen, wer der stärkere und damit der potenziell bessere Partner wäre. Nein, sie gucken nicht zu und meiden den Tumult.

Der Unterlegene geht dem Überlegenen sodann weiträumig aus dem Weg und vor allem aus dem Sichtfeld – „Aus den Augen, aus dem Sinn". Wer nun aber denkt, dass ab jetzt alles Friede, Freude, Eierkuchen ist, der irrt. Im Gegensatz zu Hennengruppen, die nach ausgefochtener Rangordnung relativ entspannt zusammenleben (wenn die Hauptparameter Ernährung, Platz und Beschäftigung stimmen), finden Gruppen mit mehreren Hähnen nie so harmonisch zusammen. Der Überlegene ist stets darauf bedacht, alle Anzeichen einer Meuterei gegen ihn im Keim zu ersticken, und den Unterlegenen erwartet ein Leben im Spießrutenlauf. Es wird immer Rivalität in der Luft liegen – je nach Rasse mehr oder weniger stark ausgeprägt. Bei manchen Rassen ist das Vergesellschaften mehrerer Hähne undenkbar, Asil oder Shamo sind zum Beispiel sehr ... sagen wir mal „wettbewerbsorientiert". Es gibt aber auch Hähne, die diesbezüglich gelassener sind und bei ausreichend Platz Nebenbuhler durchaus tolerieren können: Chabo ist eine solche Rasse. Eine Garantie für Hähne-Freundschaften gibt es jedoch nie. Manchmal geht es auch eine Weile gut und urplötzlich fliegen die Fetzen. Ein Grund, warum viele erfahrene Hühnerhalter gar nicht erst versuchen, mehrere Hähne zusammenzubringen.

Allerdings gibt es Situationen, da will oder muss man mehrere zusammen halten, zum Beispiel weil mehrere Hähnchen geschlüpft sind und man die Tiere zusammen aufziehen und erst später verkaufen oder schlachten möchte. Dann ist dieses „Aus den Augen, aus dem Sinn" ein guter Ansatz, damit es so wenige Konflikte wie möglich gibt. In diesem Falle sollten Sie den Auslauf und den Stall superabwechslungsreich gestalten und viele „Sichtschutzelemente" einplanen. Draußen bieten sich vor allem Büsche an, da diese obendrein Abschirmung von oben (als Schutz vor Greifvögeln) bieten und den Tieren deshalb sehr angenehm sind.

Let's talk about Sex

Hühner führen keine monogamen Paarbeziehungen, wie es beispielsweise Gänse tun. Ein Hahn fühlt sich inmitten eines Harems aus zwei bis 15 Hennen am wohlsten. Seine Fortpflanzungsstrategie ist es, mit so vielen Hennen wie

Hennen, die ohne Hahn leben, ducken sich manchmal auch vor ihren Menschen und bieten sich quasi an.

möglich zu kopulieren, um möglichst viele Eier zu befruchten. Der Fortpflanzungsakt wird „Treten" genannt. Wenn Junghennen legereif werden, bieten sie sich regelrecht für den Tretakt an, indem sie sich niederducken. Sie ducken sich mitunter sogar vor dem Hühnerhalter, übrigens auch dann, wenn sie noch nie Kontakt mit einem Hahn hatten.

Es beginnt mit einem kurzen Werben ...

Der Hahn tänzelt ein bisschen um die Henne herum, lässt die Flügel nach unten hängen, hält sich aber alles in allem mit dem eigentlichen Balzen nicht lang auf. Jedoch arbeitet er quasi all die Zeit auf diesen Moment hin, indem er stets galant zu seinen Hennen ist: Er wacht über die Hühnergruppe, ruft sie herbei, wenn er Futter gefunden hat, zeigt ihnen Stellen, die als Nest geeignet wären, geleitet sie nach dem Eierlegen zurück zur Herde. Mit diesem Tun beeindruckt er die gesamte Hennenschar, sodass die individuelle Balz im Schnelldurchlauf vollzogen wird.

Der Tretakt

Ist die umworbene Henne bereit, duckt sie sich und der Hahn kann sie besteigen. Manchmal fährt er aber auch regelrechte „Überraschungsangriffe" und die Henne kann gar nicht so schnell gucken, wie der Hahn auf sie gesprungen ist. Er hält sich mit den Krallen an Rücken und Flügeln der Henne fest, zusätzlich packt er mit dem Schnabel das Nackengefieder der Henne, um das Gleichgewicht zu halten. Als Folge sieht das Gefieder manch beliebter Henne oft ramponiert aus; das kann bis zu richtigen Verletzungen der scharfen Sporen reichen.

Der eigentliche Tretakt dauert nur ein paar Sekunden: Der Hahn presst seine Kloake auf die der Henne und gibt den Samen ab. Ist es vollbracht, springt der Hahn herunter, tänzelt der Höflichkeit halber noch ein paar Nachspiel-Stolperschritte um die Henne herum, diese schüttelt sich unbeeindruckt und geht ihrer Wege.

Es wird deutlich, dass die Henne kein wirkliches Vetorecht besitzt. Nicht oft, aber wie bereits beschrieben leben manchmal mehrere Hähne unter einem Dach zusammen. Da liegt es nahe, dass wie sonst auch im Tierreich, das Weibchen sich lieber mit dem Ranghöchsten verpaaren möchte, ist er doch im Regelfall der Gesündeste, der Kräftigste und der mit den besten Genen. Um das zu erreichen, greifen mehrere Strategien ineinander. Zum einen kann die Henne versuchen, rangniedere, schmächtige oder gar kränkelnde Hähne zurückzuweisen. Je nach physischer Ausgangslage gelingt ihr das auch, bei oben genannten „Überraschungsangriffen" unter Umständen aber auch nicht. Zum anderen passt der ranghöchste Hahn eifersüchtig auf, dass möglichst kein Nebenbuhler zum Zug kommt. Wird eine Henne von einem rangniedrigen Hahn bedrängt, meldet sie das häufig durch ein ungewöhnliches Gegacker – und der Ranghöhere ist sofort zur Stelle! Ist es doch zum Tretakt durch einen Rangniederen gekommen, tritt der Chef die Henne in der Regel seinerseits noch einmal. Arme Henne, sie wird also unter Umständen mehrmals in kurzen Abständen getreten – häufiger als es zur Befruchtung ihrer Eier eigentlich nötig wäre. Es hat aber seinen Sinn. Erstens kann der ranghöchste Hahn damit seine Dominanz gegenüber den Konkurrenten demonstrieren. Zweitens scheint bei der Befruchtung nicht etwa die Devise „wer zuerst kommt, mahlt zuerst" zu gelten, sondern auch der zweite Samenspender kann Nachwuchs zeugen. Die Hennen haben dazu von Mutter Natur eine interessante Extra-Ausstattung mitbekommen: sogenannte Samentaschen. Hierin können sie Spermien aufbewahren und zwei Wochen, in Einzelfällen auch länger, zur Befruchtung nutzen. Somit besteht für den ranghöheren Hahn, der nach dem rangniederen sein Sperma abgegeben hat, ebenfalls die Chance zur Befruchtung. Je älter das Sperma in den Samentaschen, desto mehr sinkt die Befruchtungsfähigkeit – das erklärt eine höhere Befruchtungsrate von „neuerem" Sperma. Tom Pizzari, Evolutionsbiologe an der Universität Oxford (England), geht noch einen Schritt weiter. Er stellte in Studien fest, dass sich Hennen eines schier unglaublichen „Tricks" bedienen: Sie sollen in der Lage sein, Ejakulat eines ungeeigneten Hahns aktiv abstoßen zu können. Die Henne kann also laut Pizzari bestimmen, wer der Vater ihrer Nachkommen sein soll.

Von Liebesspiel kann nicht die Rede sein. Der Tretakt dauert nur wenige, recht lieblose Sekunden.

Und auch der Hahn hat eine oder mehrere Favoritinnen, die er bevorzugt tritt. Dies sind wiederum Beweise, dass sich Hühner als Individuum erkennen können. Im Großen und Ganzen hält es der Hahn jedoch mit der Maßgabe „Masse statt Klasse". Selbst kranke Hennen, die sich in die Stallecke verkrümeln und mit ihrer ganzen Körpersprache ausdrücken „Lass mich mal!", werden nicht verschont.

Der Vollständigkeit halber sei noch erwähnt, dass auch künstliche Befruchtung bei Hühnern möglich ist. Vor allem beim Züchten neuer Hybridlinien oder bei der Masthähnchenzucht (die Masthähne sind zu schwer für die natürliche Befruchtung) erfolgt die Fortpflanzung meist auf diese Art und Weise.

Und hier schließt sich nun der Kreis, der auf Seite 68 begonnen hat: Das Küken von einst kann nun, ungefähr ein halbes Jahr nach dem Schlüpfen, selber für den Fortbestand sorgen. Je nach Rasse kann die Henne ihren Nachwuchs sogar selber ausbrüten.

Brüten

Ist ein Ei befruchtet und wurde es ohne Beschädigungen gelegt, kann daraus ein Küken entstehen. Damit es dazu kommt, muss es 21 Tage lang bebrütet werden. Das kann in sogenannter Naturbrut mit einer Glucke, sprich einer brutwilligen Henne geschehen oder in Kunstbrut mithilfe eines Brutapparates. Bester Zeitpunkt fürs Brüten ist das Frühjahr! So wachsen die Kleinen in eine Jahreszeit mit günstigen Witterungsverhältnissen und feinen Leckerbissen aus der Natur hinein. Den Brutapparat könnte man theoretisch das ganze Jahr über anwerfen; Küken, die im Frühjahr schlüpfen, sind aber erfahrungsgemäß gesünder und robuster – „frohwüchsiger", wie der Fachmann sagt. Brutwillige Hennen entscheiden sich instinktiv sowieso für diesen Zeitraum.

Wenn Blicke töten könnten: „Stör mich nicht, ich brüte!"

Die Naturbrut ist ein Schauspiel, das viele einmal erleben wollen: Kleine Daunenbälle, die unter der Glucke hervorschauen; Küken im Gras, die eifrig der Mama folgen ... Voraussetzung dafür ist eine Henne in Brutlaune. Ob sie in Brutstimmung kommt, bestimmen ihre Hormone. Es gibt jedoch auch Rassen, die werden selten, manche überhaupt nicht brutwillig oder brütig. Bei ihnen wurde in langer Züchtungsarbeit der Bruttrieb minimiert oder ganz weggezüchtet, indem man bevorzugt die brutunlustigen Individuen zur Weiterzüchtung nutzte. Warum? Auf den ersten Blick erscheint das kontraproduktiv, ja artgefährdend. Aber zu Zeiten, in denen Eier unverzichtbare Nahrungsmittel und wichtige Einkommensquellen waren, konnte das Brüten die Kleinbauern in arge Bedrängnis bringen. Eine Henne, die brütet und danach ihre Küken führt, legt keine Eier! Punkt. Und wenn im Extremfall alle Hennen der Familie gleichzeitig aus diesen Gründen ausfielen, mussten die Menschen viele Wochen auf dieses günstige und gesunde Nahrungsmittel verzichten.

So war es damals von Vorteil, einige wenige erfahrene Glucken auf dem Hof zu haben, die für Nachwuchs sorgten, und viele Hennen ohne Bruttrieb, die die Eier für die Küche oder zum Verkauf produzierten. Diese „Arbeitsteilung" gelang – und gelingt heute ebenso – nur durch den Umstand, dass Hühner jedwede Eier ausbrüten, egal, wer sie gelegt hat. Es müssen nicht die eigenen Eier sein! Ja, es müssen noch nicht einmal Hühnereier sein! (Besonders gute Brüterinnen, zum Beispiel Seidenhühner, erledigen ihre Aufgabe so gewissenhaft, dass viele Züchter ihnen das Ausbrüten wertvoller Vögel überlassen, zum Beispiel Fasaneneier.) Die Glucke merkt nicht, welche ihre eigenen Eier und welche die von anderen sind. Interessanterweise noch nicht einmal dann, wenn die Fremd-Eier eine andere Schalenfarbe als die eigenen haben – und dabei sind Hühner spitze im Farbensehen! Übrigens erkennt eine Henne auch nicht, ob die Eier befruchtet sind oder nicht. Sie brütet ... und wartet.

Wenn eine Henne zur Glucke wird

Es gibt Vorzeichen, dass es bald etwas werden könnte mit den Muttergefühlen: Es liegen plötzlich Daunen im Nest, die Henne zeigt ein anderes Temperament (manche ruhiger, manche nervöser), sie bleibt lang im Nest sitzen und – ein besonders wichtiges Indiz – sie macht gluckende Geräusche. Daher kommt auch der Name „Glucke". Diese Laute sind so markant, da merkt auch der Hühner-Einsteiger: „Hoppla, hier ist etwas anders als sonst!"

Entschließt sich eine Henne, zur Glucke zu mutieren, kann man alles ihr überlassen. Das Regulieren der Wärme und Luftfeuchtigkeit und das Wenden der Eier wird sie instinktiv genau richtig machen. Menschliche Hilfe braucht sie dabei kaum – von der Bereitstellung eines ruhigen Nests einmal abgesehen.

Viele Hühnerhalter separieren eine gluckende Henne aber auch von den anderen. Häufig muss der Halter die Glucke einmal täglich zum Lösen vom Nest nehmen. Es gibt Hennen, die fürs Koten einfach nicht von sich aus aufstehen, sondern das Nest furchtbar verunreinigen, um es mal zahm auszudrücken.

Auf großzügigen Höfen, wo es nicht so auffällt, wenn abends ein Huhn fehlt, kommt es immer wieder vor, dass eine abtrünnige Henne irgendwann mit Küken im Schlepptau ankommt. Sie hat dann klammheimlich regelmäßig ein Ei in ein Versteck gelegt, und als sie meinte, die Anzahl sei genug, hat sie sich daraufgesetzt und das Ausbrüten nahm seinen Lauf.

Es ist interessant, wie lang das Leben in Eiern „warten" kann, bis sie bebrütet werden: bei optimalen Bedingungen (nicht zu warm, keine direkte Sonne, möglichst dunkel) etwa 14 Tage! Diesen Umstand macht sich der Hühnerzüchter zunutze: Er kann Eier seiner Wahl zusammensammeln; er muss sie lediglich dreimal täglich ein Stück um die Längsachse wenden, damit der Embryo nicht an der Schale anklebt (ansonsten macht das die Henne). Wenn die Zeit reif ist, schiebt er der Glucke die Eier unter; je nach Körpergröße schafft sie zehn bis 20 Eier auszubrüten. So ist es auch erklärbar, dass Küken aus unterschiedlich alten Eiern am selben Tag schlüpfen – entscheidend ist der Tag, an dem sich die Glucke auf den Eiern niederlässt.

Stoisch zuverlässig

Die Henne wird in den nächsten drei Wochen das Nest kaum verlassen; lediglich ein paar Minuten täglich zum Fressen, Trinken, Koten und Beine ausstrecken kommt sie herausgeklettert. Ansonsten sitzt sie stoisch auf ihren Eiern und lässt jeden, der sich nähert – Mensch wie Hühnerkollegin – durch Aufplustern, manchmal auch durch Drohlaute wissen, dass man sie besser nicht stören sollte. Für die Henne ist das eine kräftezehrende Zeit. Sie frisst wenig, bewegt sich wenig – all ihre Kraft ist auf die große Aufgabe ausgerichtet. Sich selbst vernachlässigt sie quasi und das sieht man ihr auch an: Sie magert während des Brütens ab, die Muskeln schwinden, die Körperpflege läuft auf Sparflamme. (Hier wird ersichtlich, warum das Huhn körperlich gar nicht in der Lage ist, obendrein auch noch Eier für den Menschen zu produzieren.) Um die Glucke zu unterstützen, sollte der Besitzer ihr das allerbeste Futter kredenzen.

Nanu, Stimmen aus dem Ei?

Ab dem 18. Tag seit Brutbeginn tut sich merklich etwas im Brutnest! Die Küken beginnen im Inneren des Eis zu piepsen. Sie kommunizieren mit der Mutter, die in ruhiger Tonlage antwortet. Daraus kann man zwei Dinge ableiten: Die Fähigkeit, über Laute zu kommunizieren, ist angeboren; sie wird nicht von den Elterntieren erlernt; und die Küken im Ei können die Glucke auch hören!

Mein lieber Kollege Wilhelm Bauer, ehemaliger Lehrer an einer Schule, hatte regelmäßig zur Anschauung einen Brutapparat mit ins Klassenzimmer genommen. Wenn lautstarkes Tohuwabohu in der Klasse herrschte, erhoben auch die Kleinen im Ei ihre Stimme. Sie nahmen also den Geräuschpegel um sie herum wahr und reagierten darauf. Und noch etwas lernen wir daraus: Das Kommunizieren über Laute aus dem Ei heraus wird auch ohne die Anwesenheit einer Glucke, bei Kunstbrut, gezeigt.

Wenn das Piepsen aus dem Ei hörbar wird, ist es offensichtlich: Der Tag des Schlüpfens ist nicht mehr weit. Am 21. Tag sollte es soweit sein! Wie die Küken dann in ihr Hühnerleben starten, lesen Sie auf Seite 68.

Die Brütigkeit fördern ...

Hennen beginnen mit dem Glucken übrigens rein hormongesteuert – es wird nicht durch die Anwesenheit eines Hahnes oder durch die Paarung, den Tretakt, ausgelöst. Erblickt die Henne viele Eier im Nest, fördert das ihre Brutlust – immer vorausgesetzt, sie besitzt überhaupt noch einen Bruttrieb. Möchte man das Brüten forcieren, bietet man einen abgeschiedenen, ruhigen Platz als Nest an, gemütlich ausgepolstert, mit einigen Eiern darin. Der erfahrene Hühnerhalter gibt in dieser Phase noch keine richtigen Bruteier ins Nest, sondern sammelt sie für später. Als Platzhalter und Motivationsschub können Sie sogenannte Nesteier aus Gips oder Kunststoff ins Nest legen. Auch wenn sich die Henne draufsetzt, sollten Sie es erst noch bei den Nesteiern belassen. Manchmal beginnt eine Henne zu glucken, der Drang reißt dann aber wieder ab und sie steht auf – dann wären echte befruchtete Eier angebrütet und nun verloren. Nachdem die Glucke etwa eine Woche ihr Durchhaltevermögen bewiesen hat, können Sie ihr echte Eier unterlegen.

Wenn man einige Eier (oder mehrere künstliche Nesteier) im Nest liegen lässt, kann das grundsätzlich brutwillige Rassen in Brutlaune bringen.

... oder dämpfen

Wenn ein gemütliches Nest voller Eier den Bruttrieb fördert, gibt das im Umkehrschluss Hinweise darauf, wovon sich eine Henne möglicherweise vom Brüten abhalten lässt. Zum einen ist das regelmäßige, sprich tägliche Eiersammeln eine gute Idee. Allerdings ist das kein Ausschlusskriterium. Wenn eine Henne absolut brüten will, dann brütet sie – und wenn die Hormone die Maschinerie im Innern des Körpers einmal angeworfen haben, ist es gar nicht so einfach, ein Huhn wieder davon abzubringen. Der Henne die Eier wegzunehmen, ist eine erste Maßnahme; sture Glucken beeindruckt das allerdings manchmal wenig. Bei einigen ist der Drang zu brüten dermaßen stark, dass notfalls auch ein leeres Nest bebrütet wird. Beste zusätzliche Maßnahme ist, ihr gewohntes Umfeld kurzzeitig durcheinanderzubringen und ihren Komfort zu stören. Es ist zwar nicht sehr nett, aber in diesem Falle ist es durchaus angebracht, die Henne für kurze Zeit in einen Käfig zu setzen, gern mit Drahtboden, sodass es unter der Henne nicht so recht kuschlig warm werden will, sondern eher ungemütlich und kühl. Außerdem sollte man sie ausnahmsweise zu schmaler Kost mit ausschließlich Legemehl und Wasser verdonnern. Dieser kurzzeitige Stress ist unter dem Strich besser für die Henne statt auf einem leeren Nest zu sitzen und zu warten, dass Küken aus dem Nichts auftauchen. Denn die Hennen haben keine innere Uhr, die sie nach 21 Tagen aufstehen lässt.

Wenn alles nach Plan der Natur läuft, läutet der Schlupf der Küken das Ende der Brutzeit ein. Passiert dies nicht, sitzt Frau Glucke im Nest, wartet gleichmütig und macht dabei aber jeglichen körperlichen Stress mit – für nichts und wieder nichts. Und Gott weiß, wann sie von sich aus merkt, dass sich nichts tut, und sie ihr zum Scheitern verurteiltes Vorhaben aufgibt. Ein paar Tage Askese in einem Käfig scheinen mir da die bessere Alternative.

Mauser

Die Mauser ist kurz gesagt ein Federwechsel. Alte, abgenutzte Federn werden abgestoßen, neue Federn wachsen nach. Die Mauser findet einmal jährlich im Herbst statt. Außer bei Junghühnern: Da sie in ihrem ersten Lebensjahr im Alter von etwa vier Monaten bereits ein neues Federkleid gebildet haben, mausern sie im ersten Herbst ihres Lebens entweder gar nicht oder – und das ist der häufigere Fall – in Teilen (das wird dann Teilmauser genannt).

Der Ablauf der Mauser ist unterschiedlich: Bei manchen Hühnern vollzieht sich die Phase kurz und heftig, sodass man kurzzeitig fast von „nackig" sprechen möchte; andere mausern allmählich, aber über einen längeren Zeitraum. In der Regel dauert alles in allem vier bis sechs Wochen, bis ein nigelnagelneues, wieder voll funktionsfähiges Gefieder zur Verfügung steht – im Idealfall pünktlich vor Beginn der kalten Jahreszeit.

Die Mauser ist anstrengend und zehrt an den Kräften. Die Henne war teilweise nackig, jetzt wachsen die Federn wieder. Gutes Futter und wenig Stress sind jetzt angesagt.

Natürliche Verhaltensänderungen

Die Tiere sind während dieser Metamorphose empfindlicher. Manche Halter, die ihre Tiere mit ihren individuellen Eigenarten sehr genau kennen, berichten sogar von Verhaltensänderungen: Hühner, die sich sonst liebend gern streicheln ließen, wollen plötzlich nicht mehr so recht angefasst werden. Dass Mausern wehtut, kann ich mir beim besten Willen nicht vorstellen, das wäre ja ein grausamer Streich der Natur. Nein, wahrscheinlich ist diese Reaktion viel eher in Vorsicht begründet. So natürlich die Mauser auch ist, das Huhn ist während dieser Zeit in seinem Verhaltensrepertoire auf gewisse Weise eingeschränkt: Da es mit den fehlenden Federn schlechter fliegen kann als sonst, fühlt es sich schutzloser und ist daher skeptischer – verständlich. Und überhaupt, es hat einfach (Entschuldigung!) die Schnauze voll. Denn Mausern ist unglaublich anstrengend! Man muss sich nur einmal vorstellen, dass jede Feder zu Beginn ihres Daseins „lebt". So lange die Feder wächst, wird sie durchblutet und ist mit Nerven versehen. Wenn man zudem bedenkt, dass ein Huhn je nach Rasse Federn im vierstelligen Bereich hat, kann man sich vorstellen, was die Gefiedererneuerung dem Hühnchen abverlangt. Und das jedes Jahr aufs Neue! Also gestehen Sie dem Federvieh kleine „Unpässlichkeiten" während dieser Zeit zu. Und unterstützen Sie es durch besonders nahrhafte, vitaminreiche Kost und wenig Störungen im gewohnten Ablauf – bloß kein zusätzlicher Stress für den angegriffenen Organismus!

Und seien Sie nicht traurig: Während der Mauser legen Hennen so gut wie keine Eier. Zwei Höchstleistungen gleichzeitig kriegt das stärkste Huhn nicht gebacken. Dies ist übrigens mit ein Grund, warum kommerzielle Eier-Produzenten ihre Hennen nur eine Legeperiode lang behalten: Mausernde „Mitfresser", die in dieser Zeit nichts „leisten", sind unrentabel. (Ein anderer gravierender Grund ist die nachlassende Legeleistung je älter das Huhn wird.) Gott sei Dank legt der Hobbyhalter andere Maßstäbe an.

Vom Licht gesteuert

Und woher weiß das Huhn, dass es Herbst und somit Zeit fürs Mausern wird? Richtig, es liegt am Licht! Dabei ist nicht nur entscheidend, wie lang es hell ist oder wann es dämmert, sondern auch die Lichtintensität spielt eine Rolle. Vereinfacht gesagt: Das Huhn reagiert hormonell auf das umgebende Licht und die Hormone steuern die Mauser.

Manche Hühnerhalter (und in der industriellen Eierproduktion gang und gäbe) versuchen, mit ausgeklügeltem Beleuchtungsmanagement das Mauser-Verhalten zu beeinflussen. Sie wollen, dass die Tiere möglichst kurz mausern, damit sie sich schnell wieder der Eierproduktion widmen. Außerdem wollen sie erreichen, dass alle Hennen der Herde gleichzeitig mausern. Aus wirtschaftlicher Sicht ist es verständlich, aber ob es den Tieren wirklich nichts ausmacht? Na ja. Ich schwimme lieber mit der Natur – und beobachte stattdessen. Meiner Erfahrung nach gehen diese natürlichen Prozesse ganz glimpflich vonstatten, wenn der Mensch möglichst wenig reinfummelt. Aber falls Sie sich für ein Manipulieren durch künstliches Licht entscheiden sollten, dann nehmen Sie bitte wenigstens keine Leuchtstoffröhren. Sie sind für Hühner völlig ungeeignet, da sie diese Art von Licht als Dauerflackern wahrnehmen. Dann lieber LED-Lampen einsetzen.

Das Zusammenleben in der Herde

Hühner sind nur in der Gruppe glücklich! Sie leben in einer Herde zusammen; weniger als drei oder vier Tiere sollten Sie nicht halten. Damit das Miteinander reibungslos funktioniert, stellen sie ganz von allein eine Rangordnung auf. Egal, ob Sie fünf oder zwanzig Hühner halten: Das ist immer so und ganz natürlich.

In Studien wurde herausgefunden, dass sich Hühner bis zu 90 Individuen merken können. Das ist eine wichtige Voraussetzung, sich in eine Rangordnung einzugliedern. Wären sie nicht in der Lage sich wiederzuerkennen, müsste die soziale Ordnung tagtäglich neu ausgefochten werden.

Hühner erkennen sich bei gleicher Rasse und gleichem Farbenschlag (Federfarbe und -zeichnung) wohl am ehesten am Kopf: Federn, Kamm, Kehllappen, Augen – dem guten Hühnerauge entgeht nicht das kleinste Detail.

Ob Hühner als glückliche Herde zusammenleben, ist keine Frage der Farbenschläge (Gefieder-Varianten derselben Rasse) oder der Rassen; selbst die Größe ist zweitrangig. Wichtiger ist ein ähnliches Temperament der Tiere.

Rangordnung: Seine Stellung erkämpfen und behaupten

Hühner bilden zur Strukturierung ihres Zusammenlebens eine Rangordnung, häufig auch Hackordnung genannt (erst recht, wenn sie als Metapher für menschliche Hierarchien gebraucht wird). Interessant ist, dass jeder mit jedem die Stellung im sozialen Gefüge ausmachen muss. Deals wie „ich besiege die stärkste Henne und bin dann automatisch der Boss" gibt es nicht.

Bei der Konfrontation sind vor allem Stärke, Ausdauer, Temperament und Körpergröße entscheidend. Bezeichnend ist, dass in reinen Hennenherden häufig die temperamentvollste Henne die Chefin wird, nicht die größte! Aber auch andere Dinge spielen mit hinein: zum Beispiel Kampferfahrung (gepaart mit Kraft führt es dazu, das Althennen häufig die Ränge über Junghennen bekleiden), selbstsicheres Auftreten (unabhängig von den tatsächlichen Kräfteverhältnissen), der momentane Hormonstatus, die Tagesform (vielleicht ist eine Henne noch vom vorausgegangenen Rangordnungskampf erschöpft und kann ihr Potenzial nicht ausschöpfen) oder auch der Zufall (unglückliche Kampfposition in der Stallecke). Manchmal reichen ein paar Schnabelhiebe in Richtung der Kontrahentin, um den eigenen Platz klar zu machen, ab und zu genügt auch „böse gucken". Aber häufig wird richtig gekämpft – es wird gehackt, gepickt, gezupft und geschrien.

Verschiedene Kampftechniken bei Henne oder Hahn

Je nach Konstellation der Temperamente kann es bei den Rangordnungskämpfen ordentlich knallen (aber nie mit tödlichem Ausgang). Obwohl man einen Unterschied machen muss, ob Damen miteinander kämpfen oder Herren. Hennen picken einander gern hinterrücks auf Nacken und Kopf, zwicken in den Kamm, stürzen sich von hinten auf die Kontrahentin und verfolgen sie ein Stück … Hennenkämpfe haben etwas von einem „Zickenkrieg", der schon mal über ein paar Tage andauern kann. Führen Hennen Küken, erreicht das Aggressionspotenzial ein anderes Level, denn dann geht es nicht nur um die eigene Position in der Herde, sondern auch um den Schutz der Küken. Und Mütter können bekanntlich zu Furien werden, wenn es um ihre Kinder geht.

Hähne stehen sich dagegen offen aggressiv gegenüber; sie drohen und attackieren einander heftiger als Hennen. Allerdings werden sich auch nach ausgefochtenem Kampf mehrere Hähne kaum in eine harmonische Rangordnung eingliedern. Eine „Männer-WG" liegt einfach nicht in der Natur der Hähne (mehr dazu auf Seite 80).

Die Orloff-Henne (links) und die Orpington-Henne (rechts) „diskutieren" über ihre Stellung in der Rangordnung.

Wenn bei Auseinandersetzungen zwischen Hennen so dermaßen die Fetzen fliegen, handelt es sich höchstwahrscheinlich um annähernd gleich starke Hennen. Bei einem größeren Kräftegefälle gibt die Schwächere in der Regel früher klein bei.

Bitte nicht eingreifen

Unter Umständen sehen Rangordnungskämpfe von außen regelrecht niederträchtig aus; und für den Halter ist es manchmal hart zuzuschauen. Er würde lieber früher als später wieder Friede-Freude-Eierkuchen im Stall haben. Aber denken Sie immer daran: Dies sind wichtige Tage im Hühnerleben! Und es ist absolut artgerecht! Das Prozedere lässt sich auch nicht beschleunigen. Es dauert so lange, wie es dauert – bis eine der Kontrahentinnen ihre Unterlegenheit signalisiert. Sobald sich die Verliererin zurückzieht und demütig Kopf und Blick senkt, ist der Kampf entschieden. Die Siegerin tritt manchmal nochmal nach, um auch ganz sicherzugehen; aber dann ist Ruhe im Schiff. Dieses Weggehen und Sichzurückziehen ist ein ganz wichtiges Signal an die Stärkere: „Okay, okay. Ich hab's verstanden …" Nicht zuletzt ist es eine Charakterfrage, wie lang sich die Zänkereien halten. Falls es Sie beruhigt: Je nach Anzahl und Temperament der Tiere ist der Spuk meist nach ein paar Tagen vorbei. Und dann, manchmal ganz plötzlich, kehrt Ruhe und Ordnung ein.

Machen Sie bitte nicht den Fehler, ein drangsaliertes Hühnchen „retten" zu wollen und aus der Herde herauszunehmen (es sei denn, es ist ernsthaft in Gefahr, verletzt zu werden, und Sie planen, ihm ein anderes Zuhause zu suchen). Wenn Sie es später in die Gruppe zurücksetzen, wird es umso mehr „die Hucke voll kriegen" und dann als Außenseiter sowieso nie auf einen grünen Zweig kommen. (Aus diesem Grund setzt man nie – niemals! – ein einzelnes neues Huhn in eine bestehende Gruppe. Wie Familienzusammenführungen gelingen, erfahren Sie ab Seite 99.) Sorgen Sie stattdessen dafür, dass alle Hühner jederzeit gleichzeitig Zugang zu Futter, Wasser und Schlafplätzen haben. Denn die Schwächeren werden den Ranghöheren immer den Vortritt lassen (müssen).

Sind die Ressourcen Futter, Wasser, Lege- und Schlafplätze ausreichend vorhanden, zudem auch Platz, um den Ranghöheren auszuweichen, kann sich das rangniedrigste Huhn – und eins muss schließlich das rangniedrigste sein – mit seiner Position gut arrangieren. Jedes Huhn findet in der Rangordnung seinen Platz und wird so Teil der Hühnerfamilie, selbst der Allerschwächste!

Vielschichtiges Machtgefüge

Übrigens ist die Hühnerrangfolge kein lineares System von oben nach unten. Sie dürfen es sich auch nicht wie bei einer Pyramide vorstellen: oben der Boss und dann einzelne „Abteilungsleiter" mit den „Untergebenen". Zwischen den Hühnern besteht vielmehr ein Geflecht aus Beziehungen. Ein Oberboss ist meist eindeutig auszumachen, oft ist es der Hahn oder bei reinen Hennenherden eine kräftige ältere Henne. Darunter herrscht ein vielschichtiges soziales Geflecht: So kann es kommen, dass Henne Berta höher im Rang steht als Luisa; Luisa steht über Hannah – Hannah aber über Berta usw. Doch so lange jedes Huhn seine Position dem anderen gegenüber kennt, funktioniert das Zusammenleben ohne große Zwischenfälle.

Ist ein Hahn Teil der Gruppe, ist er nicht automatisch der Chef im Hühnerhof! Seine Stellung muss der Herr ebenso durch Kampf ausfechten wie die Dame – eine der wenigen Bereiche, in denen es in einer Hühnerherde gleichberechtigt zwischen den Geschlechtern zugeht. Gerade in einer bestehenden reinen Hennengruppe, in die plötzlich ein Hahn hinzugesetzt wird, hat der Gockel unter Umständen anfangs nichts zu lachen. Die bisherige Chefhenne ist nämlich nicht immer *amused* darüber, ihre Vormachtstellung zu verlieren. Meist ergattert der Hahn die Führungsposition aber dennoch, weil er in der Regel der Stärkere ist.

Harmonie durch Hierarchie

Es wird auch nach ausgefochtener Ordnung immer wieder Situationen geben, die per „Schnabel-Denkzettel" geklärt werden, zum Beispiel wenn Rangniedere angesichts eines Leckerbissens übermütig werden oder schlicht, weil räumliche Enge sie dann und wann enger zusammenzwingt, als es dem Ranghöheren lieb ist. Oft genügt dann jedoch das Antäuschen eines Picks oder ein strenger Blick. Interessant – und auch logisch – ist, dass diese Gesten umso seltener Anwendung finden, je mehr Raum die Tiere zur Verfügung haben. Dann gibt es diese kleinen Episoden zur Festigung des Ranges natürlich auch, aber sie sind so subtil, dass sie dem Halter nicht sonderlich auffallen. Die rangniederen können den ranghöheren Tieren so elegant ausweichen, dass es gar nicht wie Vermeiden wirkt, eher wie ein Tanz: Gehst du dorthin, gehe ich woanders hin; schaust du mich an, schaue ich weg. Am ehesten beobachtet man Seitenhiebe am Futternapf – beim Fressen hört jegliche Freundschaft auf.

Darüber hinaus hat man bei optimalen, großzügigen Haltungsbedingungen häufig den Eindruck, alle würden in völliger Harmonie leben. Harmonie ja, Gleichberechtigung nein.

Unterschiedliche Rassen und Größen können gut zusammen gehalten werden – die Rangordnung regelt's!

Die festgelegte Rangordnung bleibt relativ stabil. Es können allerdings auch Umstände eintreten, die ein neues Ausfechten der Hierarchie nötig machen: beispielsweise, wenn Tiere durch Krankheit geschwächt sind, sodass „ihr Stuhl wackelt", und erst recht, wenn neue Tiere in eine bestehende Herde hineingesetzt werden. Rangniedere nutzen solche Umbruchphasen gern, um auch nochmal über ihre Position zu „diskutieren". In der Regel beruhigt sich alles schnell wieder und jeder kennt seinen Platz.
Allerdings ist zu beobachten, dass Hühner während der anstrengenden Mauser Rangkämpfe möglichst vermeiden. Daher sollte der Halter auch so nett sein und neue Tiere nicht während dieser Zeit in die bestehende Herde setzen.

Zum Schluss noch ein Tipp für Einsteiger: Wenn Sie mit der Hühnerhaltung starten und noch keine Nerven für Rangordnungs-Zänkereien haben, bietet es sich an, dass Sie Ihre Junghennen allesamt gleichzeitig von einem Züchter holen: gleiche Rasse, gleiches Alter und zusammen aufgezogen. Dann hatten sie schon in der Kinderstube ihre Konfrontationen (Seite 74) und die Rangfolge steht bereits mehr oder weniger fest. Eventuell machen die Tiere nach einigen kleinlauten Tagen („Huiuiui, alles so neu hier!") noch einmal ein paar kleine Meinungsverschiedenheiten durch, da die Hühner aus ihrer ursprünglichen Gruppe herausgenommen wurden und in der neuen Konstellation ihre Ränge noch einmal prüfen wollen. In der Regel läuft das aber so unauffällig ab, dass Sie denken werden: „Meine Hühner sind totaaaaal nett, die kämpfen nicht!" (Sobald Sie das erste Mal neue Hühner in Ihren Bestand integrieren, zerstreut sich dieser verklärte Blick – glauben Sie mir!)

Wie eine Herde auf Neuankömmlinge reagiert

Das Integrieren von Hühnern in eine bestehende Herde ist nicht ganz einfach, gleichwohl ist es eine wiederkehrende Herausforderung eines Hühnerhalters – sofern er nicht alle seine Tiere auf einmal schlachtet und sich einen komplett neuen Schwung anschafft. Viele Hobbyhalter, ich auch, geben den Hühnern ihr Gnadenbrot auf dem Hof. Mit der Zeit kommen Junghühner hinzu, damit es weiterhin leckere Eier gibt. Alle paar Jahre gibt es also Aufregung im Hühnerstall: „Die Neuen kommen!"

Es sollten stets mehrere Neuzugänge eingeplant werden. Die Neuen werden immer Angriffspunkt sein – immer! Auch wenn Ihnen Ihre Hühner noch so friedlich und gechillt vorkommen, sobald sie ein unbekanntes Huhn erblicken, werden sie erst einmal unfreundlich. Wenn Sie mehrere Hühner hinzusetzen, verteilt sich der Argwohn der Alteingesessenen auf alle Neuankömmlinge. Setzten Sie nur ein einzelnes Huhn dazu, würde dies den Zorn der ganzen Gruppe abkriegen – zu viel Stress für ein einzelnes armes Hühnchen. Und höchstwahrscheinlich würde es sich niemals richtig integrieren können und immer Außenseiter bleiben. Hühner sind in dieser Beziehung nicht sehr nett. Sinnvoll ist, wenn Alteingesessene und Neuzugänge zu ungefähr gleicher Anzahl zusammengeführt werden.

Neben der Zahl der neu hinzugesetzten Tiere gibt es weitere Parameter, die über Erfolg und verpatzte Chancen entscheiden: das Geschick des Besitzers bei der Familienzusammenführung sowie das Platz- und Futterangebot.

Je weniger die Tiere um Platz und Futter konkurrieren müssen, desto geringer ist das Stresspotenzial.

Abends zusammensetzen

Hühnerhalter empfehlen seit Generationen: Setzen Sie die Neuen am Abend, wenn es bereits dunkel ist, in den Stall. So können sie sich schon einmal akklimatisieren, an Geruch und Geräusche der neuen Umgebung gewöhnen. Am nächsten Morgen stehen sich alle künftigen Mitbewohner erst einmal noch verschlafen gegenüber. Früher sagte man oft, dass diese Methode dazu führen würde, dass die Hühner, wenn sie gemeinsam aufwachen, denken würden, sie seien auch zusammen eingeschlafen und die anderen wären „immer schon dagewesen". Dies ist natürlich Quatsch. Hühner kennen und erkennen sich, wie wir bereits gehört haben, individuell sehr gut. Und doof sind sie auch nicht. Aber das erste Wahrnehmen fremder Hühnerlaute bei Dunkelheit, das sanfte Erwachen, das Schummerlicht bei Tagesanbruch, in dem Hühner bekanntlich nicht gut sehen und somit auch nicht attackieren, mildern den Schock. Sie gleiten also so geschmeidig wie möglich in die neue Situation hinein. Außerdem sollte der Halter in dieser sensiblen Phase so wenig wie möglich zusätzliche Unruhe hineintragen. Also Handy lautlos stellen im Stall, ruhige Bewegungen machen und so wenig wie möglich dem Impuls „nur mal geschwind gucken gehen" nachgeben. Die Hühner machen das schon! Obligatorisches Aufnahmeritual vonseiten des alteingesessenen Hahns ist, die neuen Hennen gleich einmal zu treten – das heißt so viel wie „Meine!"

Bei viel Fläche zum Ausweichen findet auch ein 500-Gramm-Winzling wie der Antwerpener Bartzwerg inmitten größerer Hühner ein Plätzchen zum Chillen. Gut, wenn die Hühner auch die dritte Dimension nutzen können.

Für viel Platz sorgen

So oder so wird es in den ersten Stunden und Tagen mit Sicherheit zu Rangordnungskämpfen kommen, denn die Neuankömmlinge werden als Eindringlinge gesehen, die die festgefügte Ordnung der Herde stören – und obendrein noch ungefragt mitfressen, ach Du meine Güte! Damit die Eingliederung der neuen Hühner in die Hierarchie nach allen Regeln der Natur gut und so schnell wie möglich gelingt, ist es wichtig, dass die Tiere genug Platz haben. Wie ich bereits auf Seite 97 beschrieben habe, brauchen die Hühner Platz, um einen Kampf durch Weggehen und Ausweichen vermeiden oder beenden zu können. Je mehr Platz, umso eindeutiger kann sich die Körpersprache der Hühner entfalten, die dem Kontrahenten die Unterwerfung anzeigt und damit für die Beendigung des Konflikts sorgt. Es ist übrigens damit zu rechnen, dass die Alteingesessenen ihren Heimvorteil geltend machen und höhere Ränge in der Ordnung bekleiden werden als die neuen Hühner, die sich erst in Stall und Umgebung orientieren müssen. Aber Ausnahmen bestätigen die Regel.

Großzügig füttern

Um den neuen Tieren die Ankunft zu erleichtern, sollten Sie in dieser Zeit nicht mit Futter sparen, denn die Neulinge werden zu Anfang von den anderen mit Sicherheit nicht an den Futternapf gelassen. Wenn Sie mehrere Näpfe aufgestellt haben (was eine sehr gute Idee ist), verbringen einige tückische Hennen ihre Zeit gern damit, die Neuen von jedem Napf wegzujagen – sie bekommen durch das ganze Gerenne zwar auch wenig Futter ab, aber ihnen geht es wohl erstmal ums Prinzip. (Der Vergleich mit Mobbing ist nicht ganz von der Hand zu weisen.) Erst wenn alle anderen satt sind, kommen auch die Neuen zum Fressen – dann sollte noch nahrhaftes, hochwertiges Futter vorhanden sein und nicht nur die kläglichen Reste.

Sind die Rangordnungskämpfe überstanden, wachsen Neue und Alte zu einer neuen Herde mit neuer Rangfolge zusammen. Nach ein paar Wochen erkennt man anhand der Körpersprache oder am Verhalten nicht mehr, wer wer war. Es scheint nun, als hätten alle von Kükenbeinen an Tisch und Bett geteilt.

Wenn Hühner zusammen aufwachsen, klären sie die Rangordnung untereinander beizeiten. Diese beiden erscheinen so harmonisch, dass man glatt Zuneigung füreinander hineininterpretieren möchte.

Hühnerfreundschaften

Ob Hühner Freundschaften schließen ist eine Frage aus der Menschen-, nicht aus der Tierwelt und mehr als knifflig. Dazu müsste definiert werden, was Freundschaft in der Vogelwelt bedeuten könnte. Wenn es bedeutet, selbstgewählt viel Zeit zusammen zu verbringen, die Gesellschaft eines Individuums einem anderen vorzuziehen, so ist diese Frage mit ja zu beantworten. Viele Hühnerhalter berichten von Hennen, die gern als Doppelpack unterwegs sind, und von Tieren, die man eher seltener zusammen sieht (höchstwahrscheinlich spielt hier die jeweilige Stellung in der Rangordnung mit hinein).

Sie berichten von Niedergeschlagenheit nach dem Tod einer „Freundin", die man als Trauer interpretieren könnte (möglicherweise ist es aber nur eine Reaktion auf die Störung der alltäglichen Routine – Hühner sind Gewohnheitstiere). Inwiefern die Tiere Sympathie oder Antipathie „fühlen", lässt sich schwer erforschen. J. L. Edgar und ihr Forscherteam der Universität Bristol (England) haben aber im Experiment herausgefunden, dass Glucken, wenn sie sehen, dass ihre Küken (auf harmlose Weise) mit einem Luftstoß geärgert wurden und Stress empfanden, ebenfalls Stresssymptome zeigen. Für die Forscher gingen die Beobachtungen so weit, dass sie in diesem Zusammenhang den Begriff „Empathie" benutzten. Mir kam dieser Begriff ebenfalls in den Sinn, als ich einer am Bein verletzten Henne und ihren Hühnerkolleginnen zusah. Die Henne musste einige Tage (vom Tierarzt verordnet) in einem Käfig sitzen, damit sie am Herumlaufen gehindert wurde. Ich stellte den Käfig in den Auslauf, damit das Huhn frische Luft und Sonne tanken konnte. Und was taten die anderen? Nach kurzer Inspizierungsrunde scharrten sie sich in einem Umkreis von maximal einem Meter um den Käfig herum, obwohl sie viele Quadratmeter zur Verfügung gehabt hatten. Das Huhn ist ein Herdentier! Oder ist das Freundschaft?

Die Körpersprache der Hühner

Hühner kommunizieren sehr viel über Körpersprache. Ich finde es faszinierend, dass die wichtigsten Gesten, die die Rangordnung abbilden, auch von uns Menschen leicht verstanden werden. Aufrichten, groß machen, wir würden sagen „mit stolz geschwellter Brust" oder „majestätisch" – für Mensch und Huhn ist klar, was das bedeutet; das Picken ist dann oftmals schon gar nicht mehr nötig. Auf der anderen Seite gleichfalls eindeutige Körperhaltungen: geduckt, den Kopf eingezogen und gesenkt, angelegtes Gefieder – alles, um sich möglichst klein zu machen, manchmal sogar – und das ist die Krönung der Demutshaltung – den Kopf in der Stallecke verborgen, außerdem seitliches Ausweichen und ganz wichtig: Bloß keinen Blickkontakt forcieren! Auch das sind glasklare Signale. Selbst wer mit Hühnern nichts am Hut hat, kann diese Haltungen intuitiv „lesen".

Auch Krankheitsanzeichen, die sich in der Körpersprache zeigen, sind für den Halter gut erkennbar. Die Tiere sind nicht so agil wie an normalen Tagen, sitzen träger herum, gehen lustlos oder gar nicht zum Fressen, halten Kopf und Flügel gesenkter, auch der Schwanz wird hängen gelassen; das ganze Huhn scheint von geringer Körperspannung zu sein, möglicherweise schließt es am helllichten Tag die Augen (nicht zu verwechseln mit genüsslichem Dösen, Seite 43) und wendet den Kopf von den anderen ab. Es sondert sich ab.

... und die Körpersprache des Halters

Achten Sie auch auf Ihre eigene Körpersprache, wenn Sie bei den Hühnern sind. Wer die Hühner einfangen oder anlocken will, nähert sich klein gemacht, hockt sich vielleicht hin. Das Greifen aus dem Stand senkrecht von oben erinnert die Hühner dagegen an den Angriff eines Greifvogels und führt zu Schreck und Aufregung. Hektische Bewegungen des Halters lösen Hektik bei den Hühnern aus. Sie werden bald merken, wie Sie sich verhalten müssen, damit die Hühner in Ihrer Nähe gechillt bleiben. Sie reagieren unmittelbar auf Ihr Verhalten.

Ob sich der Hahn nach den Kindern erkundigt? Wie aufmerksam!

Gackern und Krähen

Ich muss zugeben, die Laute der Hühner in menschliche Buchstaben zu überführen, ist alles andere als leicht. Auf *Kikeriki* hat man sich wohl irgendwann geeinigt (übrigens nur im deutschen Sprachraum, andere Länder interpretieren den Hahnenruf akustisch anders). Wenn man einem echten Hahn zuhört, will man ein deutliches *Kikeriki* meist auch gar nicht heraushören. (Mein Hund macht allerdings auch mehr *Wuwuwuwu* als *Wauwau*.)

Die Laute der Hühner

Wenn ich den Hühnern so zuhöre, wie sie gackern und „singen", glucken und gurren, vor sich hinsäuseln und palavern, frage ich mich manchmal: War das derselbe Laut wie der der Kollegin, nur in unterschiedlicher „Aussprache"? Oder ein gänzlich anderes „Hühnerwort" mit anderer Bedeutung? Vielleicht geht es Wissenschaftlern ähnlich wie mir; jedenfalls variieren deren Angaben zur Anzahl der Laute, die man Hühnern zutraut, zwischen 20 und 40. Und selbst wenn es „nur" 20 verschiedene Laute wären, die ein Huhn beherrscht, ist das doch allerhand für ein oft als dumm bezeichnetes Tier! Diese Leistung kommt aber nicht von ungefähr. Wieder lohnt sich ein Blick in die Welt der Vorfahren: Die Fähigkeit zur Erzeugung differenzierter Laute einerseits und gutes Hörvermögen andererseits sichern ihnen das Überleben im unübersichtlichen Gebüsch – denn hier halten sich Wild- wie Haushühner bevorzugt auf. Bei der Kommunikation spielen Laute eine wichtige Rolle, wenn die Sicht durch dichten Bewuchs eingeschränkt ist. Auf die Verständigung per Körpersprache kann also nicht bei allen Gelegenheiten zurückgegriffen werden; erst bei näheren Distanzen oder wenn sich die Tiere zur Futtersuche doch mal aufs offene Land wagen, besteht ausreichender Sichtkontakt. Und dieses Erbe ist immer noch allgegenwärtig in unserem Federvieh hinterm Haus. Das ist auch der Grund, warum ein Hahn so ohrenbetäubend kräht. Wenn der Rivale schon nicht das schimmernde Federkleid und den großen Kamm sehen konnte, musste er ihn wenigstens in der Ferne hören können: „Hallo, hier bin ich! Und ich bin toll! Besser, du kommst nicht näher."

Lautbildung und Kommunikation der Hühner sind äußerst vielgestaltig. Ein paar grundlegende Laute lassen sich sehr gut identifizieren und ihren Sinn kann man relativ sicher interpretieren. Anderes klingt für meine Ohren eher undifferenziert und ich weiß wirklich nicht, was das Huhn damit sagen will – zumal nach manchen Lauten auch keine explizite Handlung folgt. Ich denke dann immer (und erfreue mich an dieser kindlichen Vorstellung): Die Girls unterhalten sich wieder!

Wer genau hinhört, merkt schnell, dass Hühner unterschiedliche Stimmlagen haben. Das ist vor allem rassespezifisch. Tendenziell kann man sagen, dass große Hühnerrassen tiefere Stimmen haben als kleine Rassen; es gibt aber auch individuelle Unterschiede von Tier zu Tier. Die Stimmvielfalt zeigt sich besonders anschaulich beim Hahn. (Das Internet beherbergt einige lustige Videos, in denen der Krähruf diverser Hähne hintereinandergeschnitten wurde, siehe Service.) Das Krähen ist zweifellos die bekannteste Lautäußerung der Hühner. Ab Sonnenaufgang lässt der Hahn sein *Kikeriki* ertönen – manchmal scheinbar unaufhörlich. Während die einen Menschen ländliche Glückseligkeit damit verbinden, ist es für andere eine Tortur und manchmal gar Gegenstand gerichtlicher Auseinandersetzungen mit dem Nachbarn. Während die Hähne der Urzwergrassen eher schrill und abgehackt klingen, krähen die der großen Rassen vergleichsweise leiser und sonorer. Darüber hinaus gibt es wahre Stimmwunder wie zum Beispiel Bergische Kräher, Denizli-Kräher aus der Türkei

Der Hahnenschrei: charakteristisch wie konfliktträchtig.

oder auch verschiedene japanische Kräherrassen. Sie wurden gezielt auf einen speziellen Krähruf selektiert, und zwar sowohl hinsichtlich Tonlage als auch Länge. Rund 20 Sekunden kann ein einzelnes Krähen dabei durchaus dauern (einen schönen Gruß an Ihre Nachbarn, es hätte so viel schlimmer kommen können ...).

Warum krähen Hähne?

Der Krähruf markiert zunächst einmal das Revier, es dient der Abgrenzung zu Revieren anderer Hähne, außerdem fördert es den Zusammenhalt der Hühnerfamilie. Leben mehrere Hähne zusammen, kräht das ranghöchste Tier deutlich mehr als die rangniederen. Man kann davon ausgehen, dass er damit immer wieder seine Rangstellung eventuellen Konkurrenten, aber auch den Hennen gegenüber, anzeigen möchte. Und akustisch wie optisch ist das Krähen beeindruckend: Der Hahn schmeißt den Kopf auf lang gestrecktem Hals weit nach hinten, er macht sich so groß wie möglich, die stolz geschwellte Brust nach vorn gereckt, der gesamte Körper ist bis in den letzten Federkiel gespannt. Das muss man ihm lassen, der Kerl gibt im wahrsten Sinne alles für seinen Ruf.

... und was ist mit den Damen?

Landläufig nennt man die Laute von Hühnern schlicht und einfach Gackern. Diese einfache Formel wird den Tieren aber nicht gerecht: Wie gesagt ist die Hühner-Lautsprache sehr viel vielschichtiger. Genau genommen bezeichnet man als Gackern nur eine kleine Facette ihres Repertoires. Beim Gackern stoßen Hühner einen gleichlautenden Ton wiederholt aus, den man als *Gack* heraushören könnte. Man hört es fast ausschließlich aus weiblichen Schnäbeln, obwohl Hähne auch gackern können, wenn sie wollen – sie tun es aber sehr viel seltener und dann fast immer auch recht leise. (Vielleicht werden deshalb die aufgeregten Gespräche junger Mädchen, die sich gegenseitig auf dem Schulhof zu übertrumpfen versuchen, auch als Gackern bezeichnet?) Hennen gackern hauptsächlich, wenn sich etwas Besonderes im Hühnerleben abspielt: etwas, das den Tagesablauf deutlich unterbricht. Klassisch ist zum Beispiel ein sehr lautes Gackern, das man gut und gerne als regelrechtes Schreien bezeich-

Ein typisches Bild: Die Henne gackert. Sie kommuniziert quasi ständig mit den anderen Herdenmitgliedern.

nen kann; die Lautfolge ist dabei kurz und wird nach einer kurzen Aneinanderreihung von *Gacks* von einem sehr lang gezogenen Ton unterbrochen … dann fängt es wieder von vorne an. Diese Art des aufgeregten Gackerns hört man zum Beispiel, wenn eine Katze oder auch der Fuchs um den Auslauf schleicht, der Habicht in den Auslauf stürzt oder ein Mensch ein Huhn unsachgemäß anfasst. Normalerweise schreit zu Beginn eine Henne, ehe alle einstimmen. Es dauert eine ganze Weile, bis sie sich wieder beruhigen. Dann aber wie auf Knopfdruck! Jedes Mal bin ich wieder überrascht, dass es häufig genauso schnell endet, wie es aufgekommen ist: Eben noch Schreie der Empörung und plötzlich – Stille.

Aber nicht immer ist lautes Gackern Teamarbeit. Während bei Angriffen alle Tiere mehr oder weniger einstimmen, wird zum Beispiel beim Unterbrechen des Legeablaufes nur diese eine verärgerte Henne schreien. Die anderen registrieren das zwar, stimmen aber nicht mit ein. Sie können wohl unterscheiden, ob Gefahr für alle besteht oder eine Kollegin nur ungeheuer aus dem Häuschen ist.

Das krasse Gegenteil zum laut-empörten Gackern ist das „Singen" der Hühner. Hierbei handelt es sich um einen eher gleichmäßigen Ton, der sich dennoch äußerst melodisch anhört – leise und mild. Das Singen hört man im Vorfeld des Eierlegens: Die Henne sucht ihren Legeplatz und singt dabei. Obwohl unsere Haushühner genau wissen, wo ihre Legenester an die Stallwand gedübelt wurden, „suchen" sie nach einem Nest – ein Überbleibsel aus ihrer Geschichte. Die anderen Hennen nehmen dieses „Singen und Suchen" wahr und auch der Hahn erkennt das sehr deutlich. Hat die Henne dann ihren Platz gefunden, verhält sie sich völlig ruhig. Auch dieses Verhalten entstammt dem uralten Programm: Würde sie während des Legeprozesses Geräusche von sich geben, wäre sie eine leichte Beute – Stille schützt. Verlässt sie nach dem Eierlegen allerdings das Nest wieder, gackert sie aufgeregt und laut in einer Tonalität, als wolle sie sagen „Seht her, es ist vollbracht! Was bin ich aufgewühlt, Donnerwetter!" Jedoch ist „Stolz" wohl nicht der Grund des Geschreis und mittlerweile hat man sich auch von der lang gehegten Annahme verabschiedet, die Henne würde damit dem Hahn signalisieren, dass sie wieder zur Verfügung steht. Das Gegenteil ist wohl der Fall: Sie macht dem Hahn damit verständlich, dass das Treten derzeit nicht nötig ist, da eine erneute reife Eizelle noch nicht zur Befruchtung zur Verfügung steht und der Hahn sie daher bitteschön in Ruhe lassen soll. Der galante Hahn eilt aber dennoch herbei und geleitet seine Freundin zurück zur restlichen Truppe; deshalb wird das Gackern nach dem Eierlegen zugleich als Herdensuchruf gewertet. (Übrigens gackern auch Hennen nach der Eiablage, die ohne Hahn leben!)

Eine interessante Theorie dazu äußerte noch Robert Höck in seinem beliebten YouTube-Kanal zum Thema Hühnerhaltung: Die gackernde Henne will den anderen Hennen signalisieren, dass sie das Legenest nun verlassen hat und es somit zur Eiablage der anderen frei ist. Damit wird Höcks Meinung nach gefördert, dass am Ende Eier mehrerer Hennen in einem Nest beisammen liegen. Entschließt sich eine Henne zum Brüten, würde sie nicht nur ihren eigenen Küken, sondern auch die ihrer Kolleginnen zum Leben verhelfen, was einem größeren Genpool zugutekäme.

Es gibt eine Vielzahl weiterer Laute. Zum Beispiel gibt es eine Art Aufschrei, eine Mischung aus *Aua* und Schreck, wenn Hennen von Artgenossen gehackt und zum Beispiel vom Futtertrog vertrieben werden.

Markant ist weiterhin das *Gluck, Gluck*, wenn sich eine Henne zum Brüten niederlässt – daher stammt der Name Glucke. Je länger die Henne brütet, desto häufiger nutzt sie diese Laute, natürlich leise hervorgebracht (Sie wissen schon: wegen dem Schutz!). Spätestens wenn die Küken sich dann aus dem Ei zu Wort melden (Seite 69), findet ein intensiver Lautaustausch statt. Damit wird die enge Bindung zwischen Mutter und Kind aufgebaut und gefestigt. Selbst wenn mehrere Glucken gleichzeitig nebeneinander brüten und die Küken nach dem Schlupf miteinander umherstreifen, erkennen sie ihre Mutter zweifelsfrei: am Aussehen und an den Lauten.

Sind die Kleinen geschlüpft, sind sie von Anfang an ein kommunikatives Völkchen; da stehen sich Küken und ausgewachsene Hühner in nichts nach. Küken haben noch das sogenannte Verlassenheitsweinen in ihrem Repertoire. Das lassen sie erklingen, wenn sie den Anschluss an Geschwister und Mutter verloren haben; die Glucke eilt sofort herbei und integriert das verlorengegangene Küken wieder in die kleine Familie.

„Wo ist meine Mama?", scheint dieser kleine Flaumball zu rufen.

Hühner „sprechen" ständig miteinander

Wenn sie im Auslauf in kleinen Grüppchen unterwegs sind und friedlich nach Käfern und Samen Ausschau halten, geben Hühner wechselseitig Laute von sich, ohne sich anzuschauen – mal lauter, mal recht still. Es scheint, dass sie sich damit ihres Zusammenhalts als Herde versichern nach dem Motto „Ich bin in deiner Nähe." Eine sehr bekannte Lautäußerung ist das, was man am ehesten mit *Pock, Pock, Pock* beschreiben würde. Sehr sonor und gleichmäßig wird das vorgetragen. Man kennt es auch von Hähnen: Sie finden Futter und locken mit diesen Lauten ihre Hennen herbei (manchmal ist es aber auch ein sogenanntes Scheinlocken, Seite 81). Den gleichen Lockruf, nur eher in der Aussprache *Putt, Putt, Putt*, verwenden wir Menschen gerne, wenn wir unseren Hühnern etwas zum Fressen bringen. Die ganze Hühnerfamilie kommt daraufhin angerannt. (Allerdings kann man sie auch leicht auf andere Lockrufe konditionieren; das Futter ist der Schlüssel zum Erfolg, nicht das Wort.)

Des Weiteren gibt es noch schöne gurrende Laute, die an das Schnurren einer Katze erinnern und Wohlbefinden ausdrücken. Diese untermalen unter anderem ein genüssliches Sandbad.

Hühner kommunizieren ständig. Aber Obacht, wenn eine oder einer etwas Verdächtiges hört und einen Warnruf ausstößt! Dann erstarren alle und sind mucksmäuschenstill. Wird Sekunden später Entwarnung gegeben, geht's weiter mit dem Plausch. Nebenbei gesagt sind Hühner in der Lage, unterschiedliche Warnlaute von sich zu geben: je nachdem, ob Gefahr vom Boden, zum Beispiel ein herannahender Fuchs oder ein Hund, oder vom Himmel (Greifvögel) naht. Diese Unterscheidung ist klug, denn je nach Gefahrentyp erfolgen unter Umständen andere Fluchtreaktionen. Bei dem „Gefahr-von-oben-Ruf" legen die Hühner meist den Kopf schief, um mit einem Auge den Himmel abzusuchen. (Warum mit einem statt mit zwei Augen erfahren Sie auf Seite 45.) Eine andere Option ist, dass sie sofort, ohne selbst nach der Gefahr Ausschau zu halten, flüchten. Forscher haben herausgefunden, dass ihnen das „Wort" eines

Herdenmitglieds genügt und sie dies so eindeutig verstehen, dass sie nur daraufhin die Flucht antreten. Übrigens werden Warnlaute bereits von Küken im Ei verstanden (woran man sieht, dass es sich um einen Instinkt und nicht um erlerntes Verhalten handelt). Wenn die Glucke warnt, verschlägt es ihnen sofort die Sprache – ein wertvoller Schutzmechanismus nicht nur in der freien Natur! Apropos Schutz: Hennen können noch ganz andere Laute produzieren, wenn Not am Mann ist: Zur Verteidigung ihrer Eier oder Küken oder auch bei ungewöhnlich heftigen Rangordnungskämpfen, bei denen keine Henne nachgeben will, hört man auch langgezogene, tiefe Drohlaute. Hähne drohen übrigens nur per Körpersprache; sie geben keine Drohlaute von sich.

Eine interessante Anekdote möchte ich noch erzählen. Mir scheint, dass Hühner zielgerichtet miteinander sprechen können. Aufgefallen war mir dies, als ich zu meinen etwa zweieinhalb Jahre alten Hennen ein paar Junghühner setzte. Aufgrund des großen Stalles liefen die Rangordnungskämpfe glimpflich ab, die Tiere spazierten die ersten Tage getrennt nach „Neu“ und „Alt“ herum und schienen, von scheelen Blicken auf die jeweils andere Truppe mal abgesehen, außerhalb der Fütterungszeit recht entspannt. Auffällig und für mich unterwartet war, dass sie in den ersten Tagen – soweit ich beobachten konnte – kaum gruppenübergreifend miteinander über Laute kommunizierten. Die Körpersprache zum Signalisieren ihres beanspruchten Ranges kam deutlich zum Einsatz, Laute dagegen kaum. Nur die Tiere, die sich bereits kannten, haben sich miteinander „unterhalten“. Das kann ich deswegen so genau zuordnen, weil die Jungen noch ihre „Kinderstimmen“ hatten; ihre Stimmen waren viel heller und „zwitschernder“ als die der Alten. Es war bezeichnend, dass entweder die tiefen gesetzten Stimmen wechselseitig „sprachen“, oder die Jungen miteinander „zwitscherten“. Dieses „Mit-dir-spreche-ich-nicht“ hat sich dann nach wenigen Tagen, im Zuge der Festigung der Rangordnung und Gewöhnung gegeben. Heute sind sie ein netter, bunt gemischter Haufen, wo jeder mit jedem palavert.

Die Glucke ist wachsam. Vielleicht hat eine Kollegin aus der Herde einen Warnlaut von sich gegeben? Durch Schiefhalten des Kopfes sucht sie nun den Himmel nach möglichen Angreifern ab.

Das Vertrauen der Hühner bekommt man nicht geschenkt, man muss es sich erarbeiten – Bestechung durch Leckerli sind aber erlaubt.

Von Hühnern und Menschen

Hühner und Menschen blicken auf einen jahrtausendelangen gemeinsamen Weg zurück. Wann aus dem Wildhuhn ein Haushuhn wurde, ist nicht genau nachzuvollziehen; viele Forscher sehen den Ursprung der Domestizierung gar vor rund 7000 Jahren in Asien, andere vor „nur" 4000 Jahren. So oder so: Das Huhn kennt sich aus mit den Menschen! Und insofern ist es für es ein Leichtes zu erkennen, dass der Zweibeiner mit der Schüssel in der Hand zur Fütterung kommt. Das Huhn reagiert in freudiger Erwartung mit aufgeregten Lauten und flugsen Schritten Richtung Stall-Schlupfloch. Die Aussicht auf Futter ist eine enorm starke Triebfeder. Bei mir zu Hause ist es so: Neben dem Stall befinden sich noch zwei Schuppen und die Altpapiertonne; ich gehe dementsprechend mehrmals am Tag an diesen Ort, um diverse Dinge zu erledigen. Und gemessen an der Anzahl meiner Aufenthalte dort bringe ich nur höchst selten außerplanmäßige Leckerbissen in den Stall. Und doch werden die Hühner nicht müde, parallel am Zaun des Hühnerauslaufs entlang neben mir herzuhechten und gackernd in den Stall zu schlüpfen – ich gehe zur Papiertonne und dann wieder ins Haus. Buuh! Und dennoch tritt keine Ermüdung ein. Die Hühner-Dummschwätzer sagen nun vielleicht: Das ist doch der Beweis – Hühner lernen einfach nicht, dass es sich nicht lohnt für sie; sind die doof. Ich sage: Sie sind verfressen! Und ich sage: Sie sind neugierig! Gehen Sie mal mit einer

Schubkarre, einer Handvoll Ästen, dem Hund an der Leine (!) oder in offenen Schuhen in den Hühnerauslauf, dann wissen Sie, was ich meine … Voraussetzung ist natürlich, dass die Hühner Ihnen grundlegend vertrauen. Und ihr Vertrauen lässt sich Gott sei Dank mit einer wohlwollenden Haltung und vernünftigem, ruhigem Verhalten – gern gepaart mit etwas Fressbarem – sehr schnell gewinnen.

So sieht Zutrauen aus: Bei der Gartenarbeit rücken diese Zwerghühner der Besitzerin nicht von der Pelle. Es könnte ja ein Regenwurm zum Vorschein kommen …

Mit Leckerbissen bestechlich …

Die „Liebe" eines Huhnes geht über Kropf und Magen – diese Erkenntnis ist ernüchternd und nützlich gleichermaßen. Hühner fressen einem relativ schnell aus der Hand. Ihre Esslust ist nach ein paar Tagen oder wenigen Wochen größer als die Skepsis. Wer viel Zeit mit seinen Hühnern verbringt, ihnen häufig Leckereien aus der Hand füttert, hat sehr bald zahme Hühner. Wie schnell und wie ausgeprägt zahm sie werden, hat wie vieles in diesem Buch einerseits mit der Rasse und andererseits mit dem individuellen Charakter zu tun. Cochin, Deutsche Wyandotten und Amrocks sowie deren Zwergformen sind für ihr zutrauliches Wesen bekannt. Hinzu kommen persönliche Erfahrungen: Selbstredend ist ein Huhn, das einmal unglücklich eingefangen wurde, schwerer zugänglich.

Hühner erkennen „ihre" Menschen …

Hühner erkennen den Halter an der Optik und an der Stimme. Daher sollten Sie ruhig viel mit Ihren Hühnern reden, damit sie Sie kennenlernen. Und es ist immer günstig, bevor man den Stall betritt, schon einmal etwas verlauten zu lassen. Bei mir ist es jeden Morgen dasselbe Spiel: Wenn ich den Vorraum zum Stall betrete, verstummen die Hühner, die sich zu diesem Zeitpunkt ruhig im Stall „unterhalten" haben – Achtung, es kommt jemand! Ich rufe dann im fröhlichen Singsang durch die geschlossene Stalltür „Guten Morgen, Mädels", woraufhin sie ihre „Gespräche" wieder aufnehmen – sie haben mich erkannt und als unbedrohlich eingestuft. Häufig höre ich nach meiner Begrüßung auch, wie sie die Hühnerleiter hinunterstiefeln, ihr Tonfall wird aufgeregter. Sie wissen: Frühstückszeit! Hühner sind Gewohnheitstiere. Sie haben sich an mich gewöhnt, meine Stimme und meine Routinen. Ich habe mir sagen lassen, dass manche Besitzer, die in immer gleicher Arbeitskleidung in den Stall gehen oder zum Beispiel immer eine Mütze tragen, bei ihrer Hühnerherde Unsicherheit auslösen, wenn einmal der Hut fehlt oder die obligatorische Latzhose in der Wäsche ist. Meine Mädels sind nicht so Fashion-affin; der grüne Parka, die rote Steppjacke, Jeans und Shirt – alles kein Problem. Aber an eine Begebenheit kann ich mich erinnern: Als ich mich einmal fein gemacht, mit wehendem Sommermantel, am Zaun des Auslaufs habe blicken lassen, nahmen sie Reißaus. Feiner Zwirn und meine Person konnten die Hühner in ihren kleinen Köpfen nicht in Einklang miteinander bringen. (Sollte mir das irgendwie zu denken geben?) Eine mögliche Erklärung ist: Der Mantel war schneeweiß und damit tatsächlich so ganz anders als an anderen Tagen; meine Hände steckten in den Taschen, sodass sich der Mantel auffächerte und eine ganz ungewohnte Silhouette ergab, vielleicht sogar ein bisschen wie die ausgebreiteten Flügel eines Greifvogels … Das war auf den ersten Blick zu viel für die Hühner, die getreu dem Motto „Safety first“ erstmal auf Abstand gingen. Als ich sie dann ansprach, kamen sie schnell zurück und erkannten mich – so einfach ist das. Und Ihre Urlaubsvertretung soll bitte nicht traurig sein, wenn die Hühner sie die ersten Tage skeptisch beäugen. „Fremdeln“ ist normal; sie kennen sie einfach (noch) nicht.

Hühner gewöhnen sich auch an andere Tiere und erkennen sie.

… und auch andere Tiere und Gegenstände

Ich bilde mir ein, dass meine Hühner nicht nur mich und meine Familie, sondern auch meinen Hund erkennen. Er bellt oft und gerne. Als die Hühner neu einzogen, rief das Bellen ein Innehalten und Lauschen hervor. Heute reagieren sie kaum noch darauf. Und das ist allerhand, gehört der Hund doch eigentlich in die Riege von Fuchs, Marder und Co. (vom Fachmann als Beutegreifer zusammengefasst) und damit normalerweise nicht zu des Huhnes liebsten Freunden. Mein Hund jedoch geht meinem Federvieh am plüschigen Hühnerpopo vorbei. Wenn allerdings fremde Hunde an der Straße bellen, wechseln sie vorschriftsmäßig in die „Hab-Acht-Stellung, Typ Bodenfeind" (Seite 108).

Hühner erkennen nicht nur Menschen und die Mitglieder ihrer Herde (Seite 95) sehr gut, sie sind auch schnell in der Lage, für sie wichtige Gegenstände wiederzuerkennen, „ihre" Futterschüssel zum Beispiel. Ihr exzellentes Farbensehen ist ihnen dabei eine große Hilfe. Das lässt sich zu Hause gut selbst ausprobieren: Geben Sie beispielweise das Futter immer in einen roten Napf und stellen einen blauen leer in einiger Entfernung auf, werden die Tiere dies nach wenigen Tagen durchschaut haben und sich gar nicht mehr die Mühe machen, zum blauen Napf zu laufen.

Die Farben von Schüsseln zu erkennen und Schlüsse daraus zu ziehen, ist ein Klacks in der Hühnerwelt. Erstaunt hat mich die Geschichte einer Henne mit dem bezeichnenden Namen „007". Carolynn L. Smith von der Macquarie University Sydney (Australien) untersuchte das Verhalten von Hühnern. Bei einem Experiment, bei dem sie die Wirkung von Hähnen auf Hennen untersuchen wollte, geschah etwas Unvorhergesehenes: Das besagte Huhn sollte einen Film mit einem Hahn anschauen; eine Tür hinderte es daran, zum vermeintlichen Hahn zu gelangen. Das Huhn hatte aber anderes im Sinn als „Filmegucken", inspizierte den Schließmechanismus – und öffnete die Tür. Bei weiteren Versuchen, auch mit veränderten Schließmechanismen, öffnete es immer wieder diese Tür – gelernt ist gelernt. Allein schon die Tatsache, dass Hühner Artgenossen auf Bildschirmen erkennen, ist doch grandios, oder?

Manch ein Halter ist sogar davon überzeugt, dass Hühner lernen können, auf ihre Namen zu hören. Ich selber habe damit keine Erfahrung (meine Hennen haben keine Namen), aber eine Freundin von mir testete das im Selbstversuch: Beim Rufen ihrer sehr zahmen Hennen – sie rief sie jeweils einzeln – kam immer das jeweils richtige Huhn angerannt. Besitzer wirtschaftlicher Geflügelhöfe mögen dies anzweifeln, aber ehrlich: Wer sich intensiv und mit viel Zeit mit seinen Hühnern beschäftigt, wird mehr als überrascht werden!

Kunststückchen lernen: für Hühner kein Kunststück

Und Hühner können noch coolere Sachen lernen. Für ein Getreidekorn oder noch besser für ein Leckerli (eine gekochte Nudel, ein Mehlwurm ...) vollführen sie kleine Kunststücke. Im Internet gibt es einige Beispiele, wo Hühner bestimmte Gegenstände, auf die sie zuvor konditioniert wurden, aus einer Masse an unterschiedlichen Gegenständen wiederfinden. Das können beispielsweise Spielfiguren in verschiedenen Farben oder verschiedenen (einfachen) Formen sein, aus denen das Huhn eine bestimmte Farbe bzw. Form heraussuchen und mit dem Schnabel berühren muss. Auffällig bei den Videos im Netz ist, dass, falls es um die Farbe geht, meist auf Rot konditioniert wurde. Das ist von den Haltern schlau eingefädelt, da Hühner sowieso eine Vorliebe für diese Farbe haben (Seite 28). Erlernt werden solche Tricks häufig mit dem Clickertraining, das viele von der Hundeerziehung kennen. Das Huhn pickt zum Beispiel gegen den roten Spielstein – anfangs nur zufällig zum Inspizieren des komischen Dings –, der Halter klickt und gibt Futter. Je nach Talent und Lust am Mitspielen erkennt das Huhn irgendwann das System: Bei der roten Figur gibt es einen Klick und ein Leckerli, bei der grünen Figur passiert nichts ...

Übrigens funktioniert das Lernen leider auch in die negative Richtung: Auch unliebsames Verhalten und Unarten können sich Hühner von Artgenossen abschauen, zum Beispiel den Zaun überfliegen und – viel schlimmer – Eierfressen oder Federpicken (mehr dazu ab Seite 117).

Und was ist mit Streicheln?

Natürlich können Sie Hühner streicheln, wenn diese es wollen. Das ist wie vieles in der Hühnerwelt eine Charakterfrage. Ruhige Hühnerrassen sind dem eher zugetan als schreckhafte; aber unterm Strich ist es eine Sache des Individuums. Als mein Opa früher Hühner hatte, beschäftigte er sich mit derlei „Kindereien“ nicht, die Hennen sollten Eier legen, möglichst nicht über den Zaun flie-

Manche Hühner werden richtig vernarrt ins Streicheln. Also Anfassen erlaubt! Aber die Tiere niemals zwingen und ihnen bitte immer einen Ausweg lassen, falls es ihnen zu viel wird.

gen und basta. Als ich Kind war, gab es ein Huhn, das ich problemlos fangen und auf den Arm nehmen konnte. Das klappte nur mit einem einzigen Huhn, die anderen liefen kreischend davon – und man kann in keinster Weise behaupten, dass dieses eine Tier irgendwie besonders gezähmt worden wäre. Während ich es auf dem Arm trug und streichelte, ist es regelmäßig eingedöst. Das erste Mal Streicheln habe ich dem Hühnchen sicherlich aufgezwungen (bitte nicht nachmachen!), aber es merkte rasch, dass keine Gefahr drohte, sondern im Gegenteil es sehr angenehm war. Es genoss die Streicheleinheiten so sehr, dass es in meiner Nähe blieb, nachdem ich es auf den Boden zurücksetzte; und ich konnte es widerstandslos erneut hochheben ... Augen zu, eingeschlafen. Die eben zitierte Freundin, deren Hühner auf ihre Namen hören, erzählte mir gar, dass sie ihr auf den Schoß hopsen und sich ankuscheln, wenn sie sich auf dem Liegestuhl niederlässt. Da die Hühner dies von sich aus tun, ohne Zwang und auch ohne Aussicht auf einen Leckerbissen, muss man einfach davon ausgehen, dass sie es gut finden. Voraussetzung ist ein unerschütterliches Vertrauen zum Menschen.

Unarten und Verhaltensstörungen

Viele Unarten und Verhaltensauffälligkeiten sind eine Folge von Problemen oder Fehlern in der Haltung. In diesem Kapitel soll es um die Ursachen und mögliche Abhilfen gehen, vor allem aber um die Vorbeugung. Wer bei ersten Anzeichen schnell reagiert, hat halb gewonnen… oder wie es in der Hühnerwelt heißt: Der frühe Vogel fängt den Wurm.

Verhaltensänderungen ernst nehmen

Nach einer gewissen Zeit als Hühnerhalter werden Sie Ihre Schützlinge ziemlich gut kennen: Wer ist frech und forsch, wer zurückhaltender, wer trägt seine Schwanzfedern stolz und kerzengerade, wer hält die Flügel leicht gesenkt ... So merken Sie sofort, wenn ein Huhn eines Morgens „komisch guckt“. Ein Niesen (Staub?) macht noch keinen Hühnerschnupfen; ein Huhn, das einen halben Tag lang matt aus der Wäsche guckt (Mauser?) macht noch keine Darminfektion. Aber bitte beobachten Sie ein Huhn mit plötzlichen Veränderungen in seinen Aktionen und seiner Körpersprache genau! Es könnte eine Erkrankung oder Verletzung dahinterstecken.

Folgende Verhaltensänderungen sind fast immer Alarmzeichen für Krankheiten oder Schmerzen: Ein Huhn frisst kaum oder nichts, trinkt entweder kaum oder auffällig viel. Es sitzt matt herum, ist nicht so neugierig wie sonst, macht einen phlegmatischen Eindruck und zeigt insgesamt eine entsprechend veränderte Körpersprache. Es vernachlässigt die Körperpflege. Ein Huhn, das sich nie hat anfassen lassen, weicht plötzlich nur halbherzig vor einer Berührung zurück; manchmal bekommt man regelrecht den Eindruck, dem Huhn sei „alles egal“. Es scheint tagsüber fest zu schlafen, nicht nur wohlig zu dösen. Ein Huhn, das sonst auf der Stange schläft, übernachtet plötzlich auf dem Boden. Es sondert sich generell von der Herde ab.

Auch ohne ein Hühnerexperte zu sein, erfasst man intuitiv sehr schnell, wenn eines der Tiere „das Schwänzchen hängen lässt“. Und das hat etwas zu bedeuten! Denn wenn sich ein Huhn ansehen lässt, dass es sich nicht wohlfühlt, steckt in der Regel ein gravierender Grund dahinter. Als potenzielles Beutetier und als Glied in einer Rangordnung wird jedes Huhn so lange es geht versuchen, Stärke und Vitalität auszustrahlen. Bloß nichts anmerken lassen! Wenn es einem Huhn offensichtlich schlecht geht, ziehen Sie relativ schnell einen Tierarzt hinzu oder holen Sie zumindest bei einem erfahrenen Hühnerhalter Rat. Ist das Tier genesen, geben sich die Symptome in der Regel wieder.

Aber nicht hinter jeder Verhaltensänderung steckt zwangsläufig eine Krankheit. Schauen wir uns Verhaltensänderungen im weitesten Sinne an, stellen wir erstens fest, dass es Verhaltensänderungen gibt, die völlig normal sind: Ein Huhn ändert im Laufe seiner Entwicklung vom Küken übers Junghuhn bis zum geschlechtsreifen Tier, aber auch im Jahreslauf (Stichwort: Mauser) sein Verhalten. Aber dies meinen wir in der Regel nicht, wenn wir von Verhaltensän-

Was will uns der Hahn mit dieser Geste sagen? Ich bin kraftstrotzend, gesund – und sowieso der Größte (was nicht sonderlich schwer ist, gehört er doch zu den größten europäischen Hühnerrassen, den Brahma).

derungen sprechen, und darum soll es an dieser Stelle auch nicht gehen (mehr über die Entwicklungsstufen der Hühner ab Seite 68, Mauser Seite 92).

Zweitens entwickeln Hühner manchmal Unarten, ja regelrechte Marotten, die eher in die Rubrik „Blödsinn" fallen als dass sie gefährlich für Leib und Leben der Tiere wären. Meist sind das Verhaltensweisen, die dem Besitzer auf die Nerven gehen, weil sie ihm mehr Arbeit machen.

Drittens jedoch gibt es gravierende Verhaltensänderungen, die man schon als Verhaltensstörung bezeichnen muss und die alle Herdenmitglieder gefährden. Wenn man nicht das Huhn, das mit dem schlechten Benehmen angefangen hat, bei einer der ersten Taten erwischt und von der Herde absondert, greift die Unart oft auf alle Herdenmitglieder über.

Sie sehen, die Abstufungen von „ärgerlich, aber harmlos" bis „katastrophal" sind bei all diesen Varianten fließend. Gottlob sinkt das Risiko für wirklich schlimme Verhaltensauffälligkeiten, je artgerechter die Tiere gehalten werden – wobei ich damit ausdrücklich nicht die gesetzlichen Vorgaben zur artgerechten Tierhaltung für die Industrie meine, sondern echte würdige Lebensbedingungen, die die Bedürfnisse des Huhns in den Vordergrund stellen. Es ist bei Weitem leichter, bei Hühnern gar keine „dummen Gedanken" erst aufkommen zu lassen, indem man ihnen von Anfang an angemessene Bedingungen schafft, als dass man versucht, schlechte Angewohnheiten durch eine Verbesserung der zuvor ungenügenden Lebensumstände zu kurieren. Oder auf den Punkt gebracht: Vorbeugen ist besser als Heilen.

Ein ausgeglichenes Huhn kommt nicht auf dumme Gedanken

Begünstiger von Verhaltensauffälligkeiten jedweder Art sind Mangelernährung, Parasitenbefall und Stress, vor allem infolge von Platzmangel und Langeweile.

Mangelernährung lässt sich nach der Lektüre eines guten Sachbuchs oder eines ausführlichen Gesprächs mit einem Hühnerzüchter und dem Einkauf eines fertig gemischten Hühnerfutters gepaart mit Menschenverstand hoffentlich als Auslöser ausschließen. Auch Parasitenbefall kann man gut entdecken und behandeln, wenn man sich etwas Zeit im Stall nimmt. Wenn Sie in dunklen Stallecken, in Ritzen an den Sitzstangen, im Legenest oder an den Hühnern direkt etwas krabbeln sehen oder Sie Haut- und Federveränderungen feststellen, suchen Sie Rat bei einem Tierarzt oder erfahrenen Hühnerhalter. Diese Probleme sind in den Griff zu kriegen.

Die zwei Zünglein an der Waage, die häufig über gestresste oder gechillte Hühner entscheiden, sind die Platzverhältnisse und die Beschäftigungsmöglichkeiten. Und gestresste Hühner neigen weitaus mehr zu Verhaltensauffälligkeiten.

Vorbeugung #1: Platz

In diesem Abschnitt soll es um Platz in jeglicher Hinsicht gehen: Platz im Stall zum Umherlaufen und Scharren, Platz am Futternapf, sodass alle Tiere gleichzeitig fressen können, Platz auf der Schlafstange und Platz im Auslauf. Wie ich ab Seite 96 beschrieben habe, erstellen Hühner eine Hierarchie in ihrer Herde, und das ungeschriebene Gesetz im Hühnerhof lautet „Willst du deine Ruhe haben, provoziere den Ranghöheren nicht!“ Wenn zu wenig Platz herrscht und das rangniedrigere Huhn dem höheren einfach nicht in angemessenem Abstand aus dem Weg gehen kann, wird dieses das als Respektlosigkeit verstehen und ihm einen *Pick* auf Kopf oder Nacken geben. Je rangniederer das Tier, desto mehr würde es im wahrsten Sinne wie ein „aufgeschrecktes Huhn“ von einem Fettnäpfchen ins andere treten – alle paar Schritte begegnet es jemandem, der ranghöher ist und Abstand verlangt. Ein wahrer Spießrutenlauf. Steht im Gegensatz dazu viel Raum zur Verfügung, kann das rangniedere Huhn, quasi ohne sich groß anstrengen zu müssen, relativ entspannt zwischen den Ranghöheren seine Kreise ziehen. Es gibt in diesem Fall weniger Zündstoff für Streitigkeiten. Und Streit ist Auslöser für Stress – da geht es den Hühnern nicht anders als den Menschen.

Beim Platz am Futternapf spielt neben den Zurechtweisungen noch eine andere Sache mit hinein. Wie wir bereits wissen, fressen Hühner selektiv: Das Beste zuerst! Wird das rangniedere Huhn immer wieder vertrieben und kommt erst zum Fressen, wenn die meisten anderen Tiere satt sind und den Trog verlassen, bleiben nur die Reste: in der Regel minderwertigere Futterbestandteile. Besonders nährstoffhaltige Komponenten oder frische, vitaminreiche Leckerbissen sind schon verputzt. Auf die Dauer führt das zu einem schlechteren Ernährungszustand und damit auch zu einer Gefahr für die Gesundheit. Und ein Huhn mit angeschlagener Gesundheit fällt unter Umständen in der Rangfolge noch weiter zurück.

Ich weiß, nicht jeder kann hundert oder mehr Quadratmeter Garten abtrennen und den Hühnern überlassen. Eine geschickte Gestaltung kann etwas beengtere Platzverhältnisse jedoch aufwerten. Prima sind Büsche, weil sich die Tiere darunter zurückziehen und dösen können und Schatten finden. Zusätzlich bringen zum Beispiel liegende Baumstämme, große Feldsteine, meinetwegen auch ein kippsicher verankertes Fahrrad und eine Schubkarre Struktur. Und Struktur birgt nicht nur Beschäftigungspotenzial (wie ich im nächsten Abschnitt genauer erläutern werde), sondern auch Sichtschutz. Denn der Abstand, den Hühner rangordnungsbedingt voneinander einfordern können, wird nicht per Zentimeter Luftlinie gemessen, sondern in Sichtkontakt. Ein rangniederes Huhn kann sich so auch mal zurückziehen und „unsichtbar“ machen.

Mit viel Platz zum Sprinten: beste Chancen für ausgeglichene Hühnercharaktere.

Auch im Stall lassen sich häufig noch ein paar Quadratzentimeter Platz hinzuschummeln: Wenn die Legenester beispielweise unter dem Kotbrett angeordnet werden (es muss natürlich sichergestellt sein, dass wirklich keine Häufchen in die Nester fallen können), befinden sich die notwendigen Einrichtungen – Schlafstange, Kotbrett, Nester – platzsparend an einer Seite des Stalls; die Restfläche dient zum Laufen und Scharren.

Übrigens kann man die ganze Platzproblematik auch von einer anderen Seite her betrachten: Vielleicht habe ich gar nicht zu wenig Platz. Vielleicht habe ich nur zu viele Hühner?

Vorbeugung #2: Beschäftigung

Das Huhn teilt mit vielen anderen Haus- und Nutztieren den Luxus (oder ist es ein Mangel?), dass das Futter wie aus Zauberhand zu ihnen kommt, ohne dass sie es jagen und zerteilen, ausgraben oder sich sonstwie „erarbeiten" müssten. Der wild lebende Vorfahre unseres Haushuhns, das Bankivahuhn, ist fast den ganzen Tag mit der Futtersuche beschäftigt. Wenn man zum Beispiel die Menge an Körnern anschaut, die ein Huhn täglich frisst – wenn es diese Menge in Form von Sämereien (und nichts anderes sind Getreidekörner: Samen) am Boden selber suchen müsste, wäre es viele viele Stunden beschäftigt. Man muss

Die Futtersuche kann man wunderbar mit kleinen Beschäftigungseinheiten oder auch regelrechten Kunststückchen verbinden – so gibt's fürs Huhn was für den Körper und für den Geist.

natürlich richtigerweise einwenden, dass das Bankivahuhn nicht so ein Hochleistungstier ist wie unser hochgezüchtetes Haushuhn; es hat einen geringeren Nährstoffbedarf. Jedoch ist die uralte Programmierung, der Drang nach Selbstbeschaffung von Futter, noch immer in den Genen unserer Nutzhühner verankert – Futterautomat hin oder her. Und so wird klar, warum nur ein Huhn, das etwas zu tun hat, ein glückliches Huhn sein kann.

Ein strukturreicher Auslauf ist Gold wert! Zum einen wegen dem im vorhergehenden Abschnitt beschriebenen Sichtschutz und der Versteckmöglichkeiten für die Hühner. Zum anderen liegt hier ein Betätigungsfeld sondergleichen. Besonders artgerecht ist die Möglichkeit, selber Futter zu suchen: Sämereien, Grünfutter (überwiegend die Spitzen der Grashalme), Insekten, Würmer, Schnecken samt Häuschen (Kalkquelle!). Positiver Nebeneffekt: Je arten- und abwechslungsreicher der Auslauf, desto weniger muss gefüttert werden. Manche Rassen, wie Brakel und Westfälische Totleger, gelten als ausgesprochen gute Futtersucher. Generell sollte man aber allen Hühnern diese Möglichkeit gewähren, und wenn es nur stundenweise ist.

Die Futtersuche kann man noch aufwerten bzw. in die Länge ziehen, indem man immer mal neue Strukturen in den Auslauf einbringt, die die Hühner unter die Lupe nehmen können. Dass Hühner Allesfresser sind, kommt Ihnen dabei zugute. Aber es muss auch nicht immer Futter im Spiel sein, es heißt schließlich „Futtersuche“, nicht „Futterfindung“. In der freien Natur ist es doch auch so: ständig auf der Suche, mal erfolgreich, mal erfolglos. Insofern können Sie Ihre Hühner auch mit anderen Dingen Bekanntschaft schließen lassen, die sie nicht kennen. Die Hühner müssen betrachten, per Schnabel betasten … alles Beschäftigung. Meist sind sie anfangs kurz erschreckt angesichts des neuen „Dings“, das da vor ihnen steht. Aber schnell siegt ihre Neugier (zumindest wenn sich das „Ding“ nicht bewegt) und der Schreck schlägt in freudige Aufregung um – es *könnte* ja etwas Fressbares sein! Seien Sie kreativ! Ja, es macht regelrecht Spaß, sich Neuigkeiten fürs Federvieh auszudenken. Vielleicht haben Ihre Kinder Ideen, welche unverschluck- und unkaputtbaren Dinge man die Hühner inspizieren lassen könnte: eine Wanne mit Komposterde (hmmm, lecker Engerlinge; und ein Schnabel voll Erde ist auch nicht schlecht!), eine ausgestochene Rasensode (Grrrrrünzeug!), zusammengerechtes Laub aus dem Garten (yummy, Käfer!), dicke Äste (Turnübungen!), einen Gartenstuhl (noch mehr Turnübungen!), einen Grünkohl mit Fraßlöchern (oha, Grünes mit Raupenbeilage!) … Sie sehen, worauf ich hinaus will.

Auch im Stall kann man sich entsprechend etwas ausdenken. Wenn ich zum Beispiel eine größere Menge neuer Einstreu hineingeben will, trenne ich ein Stück vom großen Ballen gepresster Sägespäne ab und stelle es als Block auf den Stallboden. Noch ein paar Weizenkörner als Anreiz obenauf und die Hühner erledigen den Rest. Am nächsten, spätestens am übernächsten Tag ist der Boden mit einer gleichmäßigen fluffig-lockeren Schicht eingestreut. Arbeitsteilung zu beiderseitigem Vorteil nenne ich das. Auch das eigenständige Abzupfen von Futter ist eine beliebte Freizeitbeschäftigung (Vorschläge finden Sie auf Seite 14).

Auch wenn ein Huhn sein Futter heute nicht mehr suchen *muss*, ist es dennoch die schönste und natürlichste Beschäftigung der Welt. Und Hühner, die ihre Aufmerksamkeit auf Käfer im Gras oder Sonnenblumenkerne in der Einstreu richten können, die auch mal richtig knifflig nach Larven unter Baumrinde stochern müssen, richten ihr Augenmerk viel seltener im ungesunden Übermaß auf Artgenossen. (Ich spiele hier auf das Schreckgespenst der Hühnerhaltung an, das Federpicken – Ausführlicheres auf Seite 134.)

Oder anders herum ausgedrückt: Wenn die Futtersuche wegfällt und keine andere sinnvolle oder zumindest harmlose Tätigkeit an ihre Stelle rückt, füllt das Tier seine Zeit mit anderen Dingen. Und die gefallen dem Halter unter Umständen ganz und gar nicht.

Wegfliegen

Auch wenn das Fliegen in keinster Weise eine Unart ist, weil es ein völlig natürliches Verhalten ist (Hühner sind nun mal Vögel!), möchte ich es dennoch an dieser Stelle kurz erwähnen. Denn es hat schon so manchen Hühnerhalter mit seinem Nachbarn entzweit. Die wenigsten Hühner fliegen über Zäune, weil sie so gerne fliegen. Sie wollen einfach das Hindernis überwinden, um dorthin zu gelangen, wo sie etwas lockt. Oft ist es saftig grünes Gras, das sie durch den Maschendrahtzaun hindurch erspähen, während ihre eigenen Füße in einer Schlammwüste stecken. Wer will es ihnen verdenken? Stellen Sie sich in diesem Falle zwei Fragen: Ist der Auslauf vernünftig hoch eingezäunt (je nach Rasse ein bis zwei Meter)? Und was kann ich tun, um den Auslauf ebenbürtig attraktiv zu gestalten?

Neben den Vorschlägen von Seite 121 bietet es sich unter Umständen an, einen Wechselauslauf einzuführen. Dazu wird der Auslauf in zwei oder mehr Parzellen geteilt und jeweils eingezäunt. Die Hühner haben immer nur Zugang zu einem der Bereiche; im abgesperrten Teil kann sich das Gras erholen. So sorgen Sie für ständig frisches Grünzeug unter den Hühnerbeinen.

Mal sehen, wie das Gras auf der anderen Seite schmeckt … Hat der Ausreißer einmal gelernt, an welcher Stelle er gut über das Hindernis kommt, wird er es wieder probieren.

Im Nest schlafen

Das Schlafen im Legenest ist ein vergleichsweise kleines Ärgernis. Man kann es den Tieren in den meisten Fällen leicht abgewöhnen, indem man die Nester abends zum Beispiel mit Säcken zuhängt oder anderweitig blockiert. Sie sollten nur darauf achten, die Nester sehr früh am Morgen wieder zum Eierlegen freizugeben. Trotzdem sollten Sie einmal kurz überlegen, worin die Gründe liegen könnten. Ist genug Platz auf der Stange, sodass alle Hühner bequem darauf Platz finden? Möglicherweise auch mit etwas größerem Abstand? Von rangniederen Hühnern wird nämlich manchmal eine etwas größere Distanz eingefordert. Sind die Füße des fremd-schlafenden Huhns gesund? Oder hat es sich verletzt, sodass das Sitzen auf der Stange schmerzhaft ist? Möglicherweise haben sich in der Nähe der Schlafstange auch Rote Vogelmilben eingenistet, die nachts die Hühner plagen? Manchmal bleiben auch Hennen, die mit dem Brüten liebäugeln, sich aber noch nicht recht entschließen können, abends auf dem Nest sitzen.

Wenn Sie es dem Huhn partout nicht abgewöhnen können, müssen Sie unbedingt die Nesteinstreu jeden Morgen erneuern, weil jedes Huhn in der Nacht viel kotet.

Das Schlafen im Legenest sollte keine Schule machen. Dieses Verhalten schauen sich die Hühner gern voneinander ab.

Das sieht malerisch aus und ist am Tage ein wunderbares Fotomotiv, nachts aber mordsgefährlich – im wahrsten Sinne des Wortes. Also die Hühner bitte nicht im Baum schlafen lassen!

Draußen übernachten

Dass Hühner auf Bäumen schlafen wollen, ist zunächst einmal höchst natürlich, ist es doch die Methode der Ahnen. Bei manchen Haushühnern scheint dieses Erbe vermehrt durchzuschlagen und so berichten immer mal wieder Hühnerhalter, dass ihre Tiere zur Nacht nicht freiwillig in den Stall gehen. Hühnerische Abenteuerlust hin oder her; es könnte ein gefährliches Unterfangen sein. So wie die Vorfahren auch könnten die Hühner nächtlich jagenden Räubern zum Opfer fallen. Man sollte zunächst versuchen herauszufinden, was ihnen den Stallschlaf vermiesen könnte – von zu schmalen Schlafstangen, über einen überhitzten Stall bis hin zu Parasiten ist vieles denkbar –, und Abhilfe schaffen. Als nächsten Schritt macht man sich ans Umerziehen der Hühner: Füttern Sie sie am späten Nachmittag nochmals im Stall und schließen Sie dann bereits den Ausschlupf. Meist lassen sie sich innerhalb weniger Tage von ihrer gemütlichen Herberge überzeugen. Ließe man sie draußen übernachten, ist es meist nur eine Frage der Zeit, bis sie gefressen werden.

Eier verlegen

Ja, ist denn schon Ostern?", möchte man fragen, wenn man ein paar Eier im Auslauf gefunden hat. Meist geht diesem Ereignis eine Zeit der Verwunderung angesichts einer sinkenden Eierquote voraus. Wenn man also, meist durch Zufall, die kleine Kuhle unter einem Busch oder am Rande eines Reisighaufens mit ein paar hübschen Eiern darin entdeckt, fällt es einem wie Schuppen von den Augen: Eine Henne legt fremd! Jetzt gibt es zwei Möglichkeiten zu reagieren – je nach Größe und Übersichtlichkeit Ihres Auslaufs werden Sie sehr schnell die für Sie günstigste Option herausfinden. Möglichkeit eins für den Hühnerhalter: Sie zerstören das Nest und erschweren einen Neubau durch zum Beispiel davorgelegte Zweige oder Steine. Die Henne hat nun ihrerseits ebenfalls zwei Möglichkeiten darauf zu reagieren. Möglichkeit eins der Henne: Sie fügt sich und legt ab sofort wieder im Legenest im Stall. Möglichkeit zwei der Henne: Sie lacht über Sie, baut an anderer Stelle im Auslauf ein neues Nest und wartet, bis Sie dieses entdecken (in ein paar Tagen, in ein paar Wochen, in ein paar ... Hören Sie sie lachen?). Ach ja, es gab ja noch Möglichkeit zwei für den Hühnerhalter: Das Outdoor-Nest der Henne tolerieren und froh sein, dass Sie wissen, wo sie legt – und ab sofort dort ebenfalls Eier sammeln gehen. Nachteil ist, dass sich andere Hennen dieses Verhalten manchmal abschauen und – und das ist auf die Vorliebe der Hennen, mit anderen ein Nest zu teilen, zurückzuführen – ebenfalls draußen legen. Ich habe beobachtet, dass sie dann wenigstens das Outdoor-Nest der Vorreiterin benutzen und sich kein neues suchen.

Lassen Sie mich zwei Dinge zum Trost sagen. Erstens ist das Eierlegen draußen, in Dickicht und hohem Gras, genau genommen das Natürlichste der (Hühner-)Welt, vielleicht kann der artgerecht denkende Halter da ein Auge zudrücken. Und zweitens: Wenn das Wetter kälter und nasser wird, besinnen sich die Hennen häufig von allein auf die Vorzüge ihres menschengemachten Nests. Ein halber Tag Stubenarrest (bis die Eier gelegt wurden) hilft dieser Einsicht manchmal auf die Sprünge.

Übrigens verlegen auch Junghennen ab und zu ihre Eier. Einfach weil sie es zu Beginn ihrer Lege-Karriere nicht besser wissen. Ich hatte mal eine Henne, die ihr Ei jeden Tag fein säuberlich ins Sandbad legte. Sie ließ sich aber relativ leicht umschulen: Ich blockierte das Sandbad für ein paar Tage, platzierte sogenannte Nesteier (künstliche Eier aus dem Landhandel) in die Legenester und setzte das Junghuhn, als ich durch Zufall hörte, wie es seinen Legegesang (Seite 106) anstimmen wollte, vorsichtig in ein Nest. Stalllicht aus und absolute

Die Marans-Henne hat sich offensichtlich dazu entschlossen, heute mal nicht ins Legenest zu legen, es lockte wohl das Outdoor-Abenteuer …

Ruhe! Und siehe da: Nach erfolgreicher Eiablage wurde ihm das Nest mehr als sympathisch; es legte nie wieder ins Sandbad.

Solche Individualisten sind nebenbei gesagt selten unter den Hühnern; die allermeisten folgen dem Vorbild der älteren und legen gleich ins Legenest. Junge Hennen inspizieren oft schon Tage, bevor sie das erste Ei ihres Lebens legen, das komische eckige Ding, in dem es kuschlig weich und dunkel ist – irgendetwas Großes wird hier passieren …

Kratzbürstige Hähne

Aggressive Hähne sind kein kleines Ärgernis, sie bedeuten großen Frust. Ihr Instinkt, die Hennen und das Revier zu verteidigen, ist an sich natürlich – bei diesen Hähnen ist er allerdings übermäßig stark ausgeprägt, sodass sie auch Menschen als Eindringlinge empfinden. Sie schießen in Erfüllung ihrer ureigenen Pflichten übers Ziel hinaus – und das kann man ihnen leider kaum abtrai-

Durch die Sporen an ihren Füßen können Hähne, die ihre Beschützerrolle übermäßig ernst nehmen, auch Menschen verletzen, mindestens jedoch erheblich erschrecken.

nieren. Hühner sind zwar lernfähig, wie ich ab Seite 110 erläutert habe, aber nicht wirklich erziehbar. Ein Hahn, der seine Besitzer angreift und die Kinder des Hauses in Angst und Schrecken versetzt, wird dies weder mit gut zureden, mit Leckerli noch durch Schimpfen unterlassen. Und Gewalt ist nie eine Lösung. Probieren Sie, den Hahn zu beeindrucken: frontal auf ihn zugehen, sich groß machen. Wenn Sie Glück haben, erkennt er Ihre Machtstellung an und lässt Sie in Ruhe. Dann können Sie die Hühner ohne Blessuren durch die scharfen Sporen versorgen. Die Frage bleibt allerdings, was in Urlaubszeiten oder bei anderen Gelegenheiten passiert, an denen Sie verhindert sind. Denn Hühner können Menschen sehr gut unterscheiden. Es macht also einen Unterschied, ob Sie den Auslauf betreten, Ihr Nachbar oder Ihr Kind.

Manche Hähne entwickeln sich leider zu Raufbolden, die das Betreten des Auslaufs als Revierverletzung verstehen.

Oft gibt es keine wirklich befriedigende Lösung. Natürlich können Sie versuchen, solch eine Kratzbürste auf weitläufigen Hühnerhöfen unterzubringen, wo sich der Kontakt zum Menschen auf eine robuste Person mit langen Hosen beschränkt. Oder ihn in seiner Miesepetrigkeit dulden und sich irgendwie mit der Situation arrangieren (und beispielsweise Ihre Kinder nie in den Hühnerstall gehen lassen). Wichtig ist, einen solchen Choleriker-Hahn nicht zur Zucht zu verwenden – egal, wie schön er ist!

Viel kann man nicht zur Vorbeugung tun. Aber zwei Dinge fallen mir ein. Erstens: einen Hahn nicht aus Spaß provozieren! Das Netz ist voll von Videoclips weinender Kinder, die von einem Hahn verfolgt werden – und im Hintergrund hört man den Filmenden lachen. Wer einen jungen Hahn bis aufs Blut reizt, weil er ein lustiges Video drehen will, braucht sich später nicht zu wundern. Und es ist auch eine Sache des Respekts: Der Hahn „spielt" diese Verfolgung ja nicht, für ihn ist sie real, er ist im Verteidigungsmodus mit all den zugehörigen Stresssymptomen. Zweitens sagte man früher, dass zahme Hähne eher dazu neigen, auf Menschen loszugehen. Mir ist nicht bekannt, dass das wissenschaftlich untersucht worden wäre, aber oft ist an den alten Weisheiten des Landlebens etwas dran. Auch andere männliche Nutztiere hielt man früher auf Distanz, damit sie nie ganz ihre Scheu vor den Menschen verlieren und dann womöglich „übermütig" werden.

Ende vom Lied ist oft – heute genauso wie früher: Allzu kopflose Hähne bekommen manchmal tatsächlich ihren Kopf los. Wenn es wirklich zum Äußersten kommen muss: Zollen Sie dem Hahn Ihren Tribut, indem Sie jedes noch so kleine Stück Fleisch mit Genuss essen – und nicht nur Brust und Keule.

Eierfressen

Eierfressen ist eine ärgerliche Unart, denn dem Halter entgehen Eier, während die Hühner eine neue Leibspeise entdecken. Die genauen Gründe, warum Hühner ihre eigenen Eier (und die der Kolleginnen) fressen, sind nicht geklärt. Höchstwahrscheinlich stößt das Federvieh durch Zufall drauf: Haben Eier beispielsweise aus Kalkmangel eine dünne Schale (oder auch mal gar keine

Schale – sogenannte Windeier), gehen sie leicht kaputt und der nahrhafte Inhalt wird den Hühnern zugänglich. Neugierig wie sie sind, probiert eine schließlich ... und anscheinend schmeckt's. Die Vorkosterin (oder der Vorkoster – Hähne wurden auch beim Eierfressen erwischt) findet bald zahlreiche Nachahmer. Das kann so weit gehen, dass mehrere Hühner ungeduldig am Nest warten, bis eine Henne ihr Ei gelegt hat, hineinhüpfen und ein Eierfrühstück machen. Den Tieren diese leckere Zwischenmahlzeit auszureden, ist schwer. Früher hat man ausgepustete Eierschalen mit Senf gefüllt und als abschreckende Lektion im Nest deponiert – es soll wohl gewirkt haben. Heute greift man zu freundlicheren Methoden und schützt eher das Objekt der Begierde durch Abrollnester. Damit bringt man das Ei nach dem Legen gleich aus dem Zugriffbereich der Hühner.

Zur Vorbeugung kann man gleich Abrollnester installieren oder bei normalen Legenestern die Eier häufig einsammeln gehen (Gelegenheit macht Diebe!). Manche Halter warnen auch davor, den Hühnern als Kalkquelle Eierschalen zu füttern. Ich persönlich zerbrösele die Schalen sehr fein und bilde mir ein, dass die Tiere keinen Bezug zu ihren Eiern herleiten können (aber wer weiß ... mehr dazu auf Seite 19), und hatte (toi, toi, toi) auch noch nie Probleme mit Eierfressern. Achten Sie auf alle Fälle darauf, immer ausgewogen zu füttern und jederzeit eine Kalkquelle anzubieten – dann werden die Eierschalen härter und gehen nicht so schnell kaputt.

Ein Problem beim Eierfressen, neben dem offensichtlichen, ist noch die Gefahr, das berüchtigte Federpicken auszulösen. Ein rohes Ei ist bekanntlich recht schlabbrig und bleibt beim Aufpicken im Gesicht hängen. Das könnten die Hühnerkollegen zum Anlass nehmen, nach der Freundin zu picken. Manche Hühner finden dann womöglich Gefallen an diesem „Spiel“ und lösen eine Kettenreaktion aus, die zu schweren Verletzungen, Stress und manchmal gar zum Tod führt. (Genaueres zum Federpicken lesen Sie auf der nächsten Seite.)

Tierisches Eiweiß hilft, Eier und Federn fressen (Seite 134) vorzubeugen. Daher ist Freilauf mit all seinen winzigen, vielbeinigen „Proteinsnacks“ unerlässlich. Zur Abwechslung dürfen es auch mal ein paar Mehlwürmer sein.

Federpicken und Kannibalismus

Beim sogenannten Federpicken, auch Federfressen genannt, rupfen sich Hühner gegenseitig Federn aus und fressen diese teilweise. Picken ist zunächst einmal ein Mittel zum Erkunden von Dingen, wie wir auf Seite 25 erfahren haben. Mit dem Schnabel erfährt das Huhn die Welt. Zum ernsthaften Problem wird es jedoch, wenn es kein Ende findet: Das pickende Huhn lässt nicht mehr von seinem Opfer ab, pickt immer weiter und zieht ganze Federn der Hühnerkollegin heraus, bis das misshandelte Huhn kahle Stellen aufweist. Ein intaktes Gefieder ist der Schutzschild eines Huhns und schützt vor Kälte, Hitze und Nässe; wenn es beschädigt wird, leidet das Huhn. Besonders beliebte Angriffsziele sind der Bereich an der Kloake, am Bürzel oder an der Kehle.

Die Ursachen und Auslöser dieser Verhaltensstörung sind vielfältig und oft spielen mehrere unglückliche Umstände zusammen. Man geht davon aus, dass Federpicken auf ein fehlgeleitetes Futtersuchverhalten zurückzuführen ist (wohlgemerkt nicht auf Aggression!). Der Grundstein dafür wird häufig bereits in Kindertagen gelegt: Verschiedene Studien weisen darauf hin, dass Küken, die ab ihrem ersten Lebenstag nicht ständig die Möglichkeit zum Picken und Scharren hatten, später vermehrt zu dieser Verhaltensstörung neigen. Außerdem kann Nährstoffmangel das Federpicken begünstigen. Weitere Rollen spielen Stress in jeglicher Hinsicht, Langeweile und wohl auch Hitze: Bei hohen Temperaturen steigt das Risiko; im Sommer treten mehr Fälle von Federpicken auf als im Winter.

Immer mal wieder hat man Hühner dabei, die salopp gesagt „nach Federn verrückt sind“. Entweder gab es bei ihnen während der Aufzucht oben genannte Defizite oder eine genetische Komponente ist denkbar. Daher sollte man sicherheitshalber mit Federpickern nicht weiterzüchten. Auch bestimmte Rassen gelten als mehr oder weniger anfällig fürs Federpicken: Rhodeländer und Deutsche Lachshühner zum Beispiel neigen eher dazu als andere. (Aber bitte jetzt nicht mit dem Finger auf die genannten Rassen zeigen: Man kann nur Tendenzen ablesen; es gibt auch Tausende von Rhodeländern, die glücklich und zufrieden in ihren Herden leben und mit denen auch gezüchtet wird!) Übrigens sind nicht nur die „Täter“ rassebedingt mehr oder weniger anfällig fürs Federpicken, auch die Opfer: Man beobachtete, dass Rassen mit dunklen

Federn ein höheres Risiko tragen, bepickt zu werden. Wenn sich bei der Mauser die frischen Federkiele aus der Haut schieben, schimmern sie bei diesen Rassen silbrig und glänzen, wenn die Sonne darauf scheint. Hühnchen haben bekanntermaßen ein Faible fürs Glitzern (Seite 27) und zeigen daher ganz besonderes Interesse daran (das kann man sogar schon bei Küken feststellen). Kommt es hier zum Picken, blutet es sehr schnell, da während der Mauser viel Haut freiliegt und die im Aufbau befindlichen Federn noch durchblutet sind.

Keine Mangelernährung und keine Langeweile – das sind die wichtigsten Parameter zur Vorbeugung von Federpicken.

Auch Federbärte, an denen Futterreste hängen, animieren zum Picken. (Deshalb sollte man barttragenden Rassen wie Thüringer Barthühnern oder Deutschen Lachshühnern nur wenig oder gar kein Weichfutter geben.) Zudem kommt es vor, dass der Hahn beim Tretakt Federn mit ausreißt oder die Haut verletzt, denn er hält sich mit Krallen und Sporen am Rücken und an den Flügeln der Henne fest. Wenn an den nackten Stellen wieder Federn zart nachwachsen, sind das ebenfalls gern erste Angriffspunkte zum Picken.

Ein weiterer Auslöser kann ein Legedarmvorfall sein: Wenn der Legedarm durchs Legen zahlreicher großer Eier in Mitleidenschaft gezogen wurde, hängt manchmal ein Stück aus der Kloake heraus, was die Aufmerksamkeit der Herde erregt. Das Gleiche kann passieren, wenn eine Henne zu früh nach dem Legen, wenn sich die Kloake noch nicht vollständig eingestülpt hat, aufsteht. Da Hühner wie gesagt alles pickend untersuchen, kommt es hier sehr schnell zu blutenden Verletzungen – und das Unheil nimmt seinen Lauf ...

Man könnte ja meinen, das gepeinigte Huhn wehrt sich mit aller Kraft gegen das Picken; interessanterweise ist das nicht der Fall; und man weiß auch nicht genau warum. Wenn Sie bemerken, dass Ihre Hühner sich gegenseitig „an die Wäsche“ gehen, müssen Sie schnell handeln! Hoffen wir, dass Sie den Vorfall in seinen Anfängen beobachten und Täter Nummer eins ausmachen konnten – ihn sollten Sie sofort aus der Gruppe herausnehmen. Eine weitere Maßnahme kann sein, ein Antipickspray auf die gefährdeten Körperstellen aufzusprühen oder sie dick mit Melkfett einzuschmieren. Verbessern Sie auch die Fütterung, um Mineralstoffmangel als Ursache auszuschließen. Wird das Federfressen nicht schnellstmöglich unterbunden, ahmen bald alle Tiere der Herde dieses Verhalten nach – alle auf einen! Zu diesem Zeitpunkt ist es dann egal, ob sie zu den Rassen gehören, die zum Picken neigen oder nicht.

Spätestens wenn die Haut des malträtierten Hühnchens zu bluten beginnt, wird auch das letzte Huhn auf den Vorfall aufmerksam und beteiligt sich mit sehr hoher Wahrscheinlichkeit an den Attacken. Denn wenn Blut mit ins Spiel kommt, kann sich kein Huhn mehr beherrschen; dann wird es richtig gefährlich. Alle stürzen sich auf das Opfer, nicht selten bis dieses zu Tode kommt. Der Fachmann spricht dann tatsächlich von Kannibalismus! (Kannibalismus kann durchs Federpicken ausgelöst werden, tritt jedoch auch losgelöst von dieser Verhaltensstörung auf.) Hat solch eine Orgie erstmal begonnen, bekommt man das Problem auch leider nicht mehr in den Griff. Die Hühner haben sozusagen (und im wahrsten Sinne des Wortes auch) Blut geleckt. Hier hilft leider nur noch das Schlachten.

Federpicken und Kannibalismus sind das Schlimmste, das einem Hühnerhalter passieren kann. Aber bevor Sie sich nun ängstigen: Zum Glück passiert das selten in gut geführten Hobbyhaltungen, sodass Sie und ich hoffentlich nie damit persönlich Bekanntschaft machen werden. Es tritt umso seltener auf, je besser die Haltungsbedingungen sind, das heißt: eine angemessene Stallgröße, einen möglichst großen, strukturreichen Auslauf mit vielen Beschäftigungsmöglichkeiten, Hygiene und Parasitenkontrolle und hochwertige, abwechslungsreiche Fütterung.

Je mehr die Hühner in ihrem Umfeld entdecken können, desto weniger interessieren sie sich für die Artgenossen.

Service

Hühner sind tolle Tiere und es würde mich freuen, wenn dieses Buch dazu beigetragen hat, sie in einem anderen Licht zu sehen: weg vom Klischee des Dummchens hin zu den faszinierenden Vögeln, die sie sind. Falls Sie tiefer in die Materie einsteigen wollen, finden Sie auf den nächsten Seiten ein paar Ansatzpunkte.

Register

Quellenangaben

Bund Deutscher Rassegeflügelzüchter: www.bdrg.de

Carolynn L. Smith in: Carolynn L. Smith und Sarah L. Zielinski: Schlaue Hühner, veröffentlicht in Spektrum der Wissenschaft, Ausgabe Mai 2015, Online-Ausgabe Spektrum.de, https://www.spektrum.de/news/schlaue-huehner/1342910, Online-Abruf vom 31.03.2020.

Erich Baeumer: Das dumme Huhn. Verhalten des Haushuhns, Franckh'sche Verlagshandlung, W. Keller & Co., Stuttgart, 1964.

J. L. Edgar, J. C. Lowe, E. S. Paul und C. J. Nicol: Avian maternal response to chick distress, veröffentlicht in The Royal Society Publishing, Proc. R. Soc. B. 2783129–3134, veröffentlicht am 9.3.2011, http://doi.org/10.1098/rspb.2010.2701, Online-Abruf vom 20.4.2020.

Robert Höck: Happy Huhn (YouTube-Kanal), veröffentlicht am 2.3.2018, https://www.youtube.com/watch?v=QFh8PDyxbt4, Online-Abruf vom 20.4.2020. Auch Demonstration von Krährufen verschiedener Hähne.

Rosa Rugani, Laura Fontanari, Eleonora Simoni, Lucia Regolin und Giorgio Vallortigara: Arithmetic in newborn chicks, veröffentlicht in The Royal Society Publishing, Proc R. Soc. B. 2762451–2460, veröffentlicht am 1.4.2009, http://doi.org/10.1098/rspb.2009.0044, Online-Abruf vom 20.4.2020.

Tom Pizzari in: Stolze Gockel, flotte Hennen. Fakten zum Huhn, Dokumentation von NZZ Format (2007), veröffentlicht am 23.6.2017, https://www.youtube.com/watch?v=SfmfoFH2SPc, Online-Abruf vom 20.4.2020.

Zum Reinklicken

Bund Deutscher Rassegeflügelzüchter
Über die Landesverbände finden Sie dann zu den Kreisverbänden in Ihrer Nähe: www.bdrg.de

Sondervereine für einzelne Rassen
www.amrocks.repage.de
www.sonderverein-antwerpenerbartzwerge.de
www.sv-augsburger-huehner.jimdo.com
www.bantam-klub.de
www.bielefelder-zwerg-kennhuehner.de
www.sv-cochin-brahma-zwerg-brahma.de
www.chaboclub.de
www.sv-deutscher-lachshuhnzuechter.de
www.friesenhuhn.de
www.hamburger-huehner.repage.de
www.haubenhuehner-seltene-huehnerrassen.blogspot.de (unter anderem Holländer Haubenhühner und Sultanhühner)
www.krueperhuhn.com
http://wordpress.lakenfelder-sv.de
www.zwergkaempfer.de (unter anderem Moderne Englische Zwerg-Kämpfer)
www.sv-newhampshire.de
www.sv-zwerg-rhodeländer.de
www.sebright.npage.de
www.sv-silkiespolands.de (Seidenhühner)
www.spanier-sonderverein.de
www.strupphuhn.de
www.sundheimerhuhn.de
www.thueringer-barthuhn.de
www.svwelsumer.de
www.zwerg-cochin.de

Hier können Sie weiterstöbern

Bauer, Wilhelm: Zwerghühner. Verlag Eugen Ulmer, 2015.

Für den Einstieg in die Zwerghuhnhaltung. Das Wichtigste zu Unterkunft, Pflege und Fütterung der kleinen Federtiere.

Bauer, Wilhelm: Superfood für Hühner, Tauben und Co. Verlag Eugen Ulmer, 2017.

Nur Körnerfutter ist auch öde ... Hühner sind zwar keine Gourmets, aber ein wenig Abwechslung im Speiseplan finden sie auch prima. Probieren Sie doch mal Neues oder gehen Sie selbst sammeln – Ihre Hühner werden begeistert sein.

Bauer, Wilhelm: Hühnerställe bauen. Verlag Eugen Ulmer, 2018.

Sie möchten Ihren Stall selbst bauen? Dann finden Sie hier jede Menge Anregungen und Musterställe mit Maßangaben sowie jede Menge Tipps für die Innenausstattung.

Krause, Antje und Bauer, Wilhelm: Garten sucht Hühner. Die besten Rassen für kleine Gärten. Verlag Eugen Ulmer, 2018.

Das erste gemeinsame Buch des Hühner-"Dreamteams" Antje Krause und Wilhelm Bauer. Auf der Suche nach passenden Hühnerrassen für den Garten wird man hier garantiert fündig. Inklusive Überblick, worauf man bei der Haltung von Hühnern generell achten sollte.

Peitz, Beate und Leopold/Bauer, Wilhelm: Hühner in meinem Garten. Alles über Haltung und Ställe. Verlag Eugen Ulmer, 2019.

Das Buch gibt einen guten Überblick über die artgerechte Haltung von Hühnern im Hobbybereich, mit vielen Ideen zum Stallbau (mit Bauanleitungen).

Dank der Fotografin

Die Fotografin dankt allen Hühnerhaltern dafür, dass sie das lustige Federvieh fotografieren durfte: Familie Bader, Wilhelm Bauer, Familie Böpple, Julia Galac, Petra Grammer, Christina Händler, Tina Hertl, Noemi Jost, Dieter Kopp, Tanja Kuschick, Antje Munk, Familie Renk, Bea Rommel, Familie Szymkowiak, Tina Trento, Christine Wartbiegler, Jörg Wunderlich.

Bildquellen

Alle Fotos sowie das Coverfoto stammen von Maren Leuker.

Impressum

Die in diesem Buch enthaltenen Empfehlungen und Angaben sind von den Autoren mit größter Sorgfalt zusammengestellt und geprüft worden. Eine Garantie für die Richtigkeit der Angaben kann aber nicht gegeben werden. Autoren und Verlag übernehmen keine Haftung für Schäden und Unfälle. Bitte setzen Sie bei der Anwendung der in diesem Buch enthaltenen Empfehlungen Ihr persönliches Urteilsvermögen ein.

Der Verlag Eugen Ulmer ist nicht verantwortlich für die Inhalte der im Buch genannten Websites.

Anmerkung zur Schreibweise (Gendering) der weiblichen, männlichen und unbestimmten Form: Ausschließlich aufgrund der deutlich besseren Lesbarkeit wird in diesem Werk auf die jeweilige Mehrfachnennung oder Anpassung der Schreibweise bestimmter Bezeichnungen verzichtet.

Bibliografische Information der Deutschen Nationalbibliothek
Die Deutsche Nationalbibliothek verzeichnet diese Publikation in der Deutschen Nationalbibliografie; detaillierte bibliografische Daten sind im Internet über http://dnb.d-nb.de abrufbar.

Wollgrasweg 41, 70599 Stuttgart (Hohenheim)
E-Mail: info@ulmer.de
Internet: www.ulmer.de
Lektorat: Antje Munk
Herstellung: Isabell Scherrieble
Gestaltung und Satz: red.sign, Stuttgart
Repro: timeRay Visualisierungen, Jettingen
Druck und Bindung: Westermann Druck, Zwickau
Printed in Germany

ISBN 978-3-8186-1142-2